MATÉRIAUX

POUR

L'ÉTUDE DES GLACIERS.

MATÉRIAUX

POUR

L'ÉTUDE DES GLACIERS

PAR

DOLLFUS-AUSSET.

Résumés météorologiques et glaciaires, — Aide-Mémoire.

VOLUME SUPPLÉMENTAIRE, 1870.

PARIS

F. SAVY, LIBRAIRE, RUE HAUTEFEUILLE, 24

1870

STRASBOURG, TYPOGRAPHIE DE G. SILBERMANN.

MÉTÉOROLOGIE. — GLACIERS[1].

D. A.

Pour étudier les glaciers en activité, il faut se mettre en station dans leur voisinage le plus rapproché possible.

Diviser les observations en deux sections (catégories) :

1° **Observations météorologiques.** — 2° **Observations glaciaires.**

Les circonstances météorologiques générales et locales ont une très-grande influence sur les glaciers. Ces influences varient suivant les saisons, les altitudes et l'orientation.

1844. J'ai fait construire sur la rive gauche du glacier inférieur de l'Aar une maisonnette très-solide, à 2400 mètres altitude (100 mètres au-dessus de la surface du glacier). Un grand nombre d'années, jusqu'en 1864, dans les mois d'été, j'ai pris gîte au pavillon de l'Aar, avec des amis et des guides nombreux, pendant un mois à six semaines, pour faire des observations.

A l'auberge du Grimsel, 1880 mètres d'altitude, 5 kilomètres de distance de la pente terminale du glacier, le guide-chef **Jaun** et deux de ses camarades ont été en station une année complète; ils ont fait des observations météorologiques sérieuses et se rendaient au glacier plusieurs fois par mois.

Dans d'autres années, le guide-chef se rendait au Grimsel et au glacier à peu près tous les mois, et faisait des observations.

L'ami **Desor**, moi et des guides, avons fait la course au Grimsel et au glacier en janvier.

Au *Faulhorn*, 2680 mètres d'altitude, j'ai été en station avec plusieurs amis, en été, pendant quinze jours; une fois, en mars, pendant plusieurs jours.

Au *Saint-Bernard*, 2480 mètres d'altitude, l'ami **Michel** et moi, nous sommes restés en station pendant quinze jours.

L'ami **Schimper**, professeur à Strasbourg, mon fils **Gustave** et moi, nous avons été en station sur le col du *Veleta*, 2400 mètres d'altitude (Andalousie, Espagne), pendant dix jours.

J'ai fait des courses nombreuses dans les Alpes : Ascension au *Rosenhorn*

[1] D. A. Voy., pour plus de détails, les tableaux et annotations météorologiques de nos matériaux.

(un des trois pics des *Wetterhœrner*); *Gallenstock*, qui domine le glacier du Rhône; col de la *Strahleck;* col du *Lauter-Aar;* col de la *Gemmi* etc., etc...

J'ai parcouru les Pyrénées et ses glaciers; l'Écosse, les Vosges, la Forêt-Noire, le Jura.

1864. L'ami **Michel**, professeur, moi et des guides, avons pris gîte et sommes restés en station au col du *Saint-Théodule*, 3333 mètres d'altitude, en août, pendant quinze jours.

1865. L'ami **Michel**, moi et nos guides, sommes restés quinze jours en station. Le chalet a été entouré d'un mur en pierres sèches; on a placé double porte et doubles fenêtres. Des provisions de bois de chauffage et de nourriture ont été transportées; les observations météorologiques et glaciaires organisées. Un programme et des registres avec en-têtes ont été déposés, et les guides **Melchior Blatter**, son frère **Jacob** et le cantinier **Antoine Gorret** ont séjourné à la station, du 1ᵉʳ août 1865 au 31 août 1866. Ils ont fait des observations sérieuses, suivant programme, tant météorologiques que glaciaires.

Pour l'étude des glaciers en activité, les circonstances atmosphériques générales et locales ont une très-grande influence, suivant les altitudes et les saisons. Ces circonstances sont normales ou anormales; elles doivent être observées consciencieusement avec savoir-voir et vouloir-voir suivant programme.

Les programmes sont des demandes que nous adressons à la nature. Les réponses qu'elle nous transmet seront soigneusement enregistrées dans les tableaux météorologiques, tracés (imprimés) à l'avance, par en-têtes des colonnes verticales, sur les lignes horizontales horaires de minuit à onze heures du soir. Ces registres d'inscription sont mensuels, en cahiers réliés (cartonnés), de 0ᵐ,40 de largeur sur 0ᵐ,28 de hauteur. Chaque journée a des en-têtes aux colonnes verticales, deux pages en regard, sur la largeur totale de 0ᵐ,80; des lignes horizontales en couleur crayon, minuit à onze heures soir, soit vingt-quatre lignes, espacées à 7 millimètres; au bas, des lignes pour les annotations supplémentaires. Outre les trente et une feuilles de papier fort des tableaux, le cahier a en sus six feuilles sans en-têtes pour les observations et annotations supplémentaires. Les inscriptions se font par deux cahiers (registres) à la fois, dont l'un reste à la station et l'autre est envoyé au glaciériste absent....

INSTRUMENTS EXPOSÉS EN PLEIN AIR POUR OBSERVATIONS.

Girouette, direction et force du vent. — Girouette fédérale suisse avec plaque en tôle indiquant, suivant son inclinaison, la force du vent.

Banderolle en étoffe légère flottant au haut d'une perche, pour observer l'inclinaison du vent.

Miroir, rose des vents, marquée en traits à sa surface, pour observer la direction des nuages dans les hauteurs.

Udomètre (pluviomètre).

Table en plein air.

Table à l'ombre permanente.

Plateau[1] en fer étamé contenant de l'eau, pour l'évaporation en plein air et à l'ombre permanente, placé sur la table.

Plateau en fer étamé contenant de la neige, pour observer l'évaporation ou la condensation en plein air et à l'ombre permanente.

Plateaux en fer étamés contenant de l'eau et un autre de la neige, placés sous la table en plein air, abrités du rayonnement nocturne.

Sables[2], blanc, noir, rouge, jaune, dans des boîtes, sur la table en plein air, à l'ombre permanente et sous la table, pour observer l'action de l'air, les rayons solaires et le rayonnement nocturne.

Planches en sapin, surface rabotée, exposées en plein air sur sol et glacier ou sur les neiges qui les couvrent, pour observer la hauteur des neiges fraîches qui tombent de jour ou de nuit. Cette exposition est surtout nécessaire lorsque la neige tombe, par suite de vents, direction inclinée; dans ces cas, elle n'entre que très-incomplétement dans l'udomètre et fort souvent pas du tout. — On aura soin d'exposer ces planches dans des localités où les neiges ne sont pas enlevées ou accumulées par le vent. On mesurera leur hauteur et on les enlèvera le matin et le soir. Par suite de forte chutes, on enlèvera des tranches d'une certaine largeur sur toute la hauteur; on les fera fondre, et par l'eau de fusion mesurée, on aura la densité....

Perches dans le sol de plein air et à l'ombre permanente, pour observer la hauteur des chutes fraîches, celles anciennes (totales) et leur tassement ou ablation (fusion).

Perches dans le glacier, pour observer les hauteurs de neige, le tassement et l'ablation.

Thermomètre à l'ombre permanente, abrité des rayons solaires, du rayonnement nocturne, des pluies et neiges. Degrés espacés, divisés par cinquième.

Psychromètre à l'ombre permanente. Boule sèche et boule mouillée avec de l'eau alcoolisée[3].

Thermomètres maxima et minima à index (curseurs), à l'ombre permanente.

Thermomètre à alcool incolore, exposé horizontalement sur la table, pour observer l'influence des rayons solaires et le rayonnement nocturne.

Baromètre de précision. Baromètre fédéral à large cuvette, de $0^m,11$ de diamètre. — La lecture la plus juste est celle du matin, avant qu'on chauffe le local; la colonne du mercure a alors une température qu'indique le thermomètre qui y est adhérent, tandis que, dans la journée, par suite du chauffage du local en hautes régions par un poêle en fonte, l'air local se chauffe promptement, souvent de $-3°$ à $+18°$ en 10 minutes, surtout le matin, et la co-

---

[1,2] Plateaux et sables, par vents violents ou par chutes de pluie ou de neige, sont retirés; ils ne fonctionnent pas.

[3] D. A. Boule mouillée avec de l'eau alcoolisée ne gèle pas, et demande une correction par les calculs hygrométriques, qui est constante et facile à faire.

lonne mercurielle se trouve à 5° et le thermomètre à 16°, ce qui fait une grande différence de correction par température.

Anéroïde de hautes régions. A la station Théodule, 3333 mètres d'altitude, en plaçant le baromètre, nous avons réglé un anéroïde suivant la hauteur barométrique, et pendant les dix jours d'observation des deux instruments, ils ont marché d'accord ; je dirai plus, l'anéroïde était plus juste dans les moments où la chaleur locale ne correspondait pas à la chaleur de la colonne mercurielle (inconvénient cité). Plus tard les hauteurs n'étaient plus concordantes, et mensuellement la différence a augmenté par millimètre peu à peu.

— On est en droit de conclure que l'anéroïde, jusqu'à ce jour, n'est pas un instrument de précision, mais qu'il contrôle le baromètre.

Hypsomètre, hauteur barométrique par température de la vapeur d'eau.

— Des thermomètres-hypsomètres, reconnus gradués parfaitement et mathématiquement par **Baudin,** et un autre de **M. Walferdin,** ont marché d'accord avec la hauteur barométrique, *à une condition essentielle.*

Citons des observations au Théodule, qui confirment celles faites avec les mêmes thermomètres au niveau des rails dans les plaines :

Le thermomètre-hypsomètre vérifié dans la glace fondante, dans l'obscurité (condition essentielle, la clarté a une influence). — Après la première exposition à la vapeur, le zéro est à $+0,1$; après la deuxième ébullition, à $+0,05$; après la troisième, à 0,0 mathématiquement; après la quatrième, de même à 0,0. On voit, d'après ces résultats qui se sont toujours confirmés avec variations plus ou moins marquantes, qu'il faut user de précaution pour arriver, par l'hypsomètre, à des résultats satisfaisants. Ce n'est qu'après la troisième observation que l'hypsomètre marchait d'accord avec la colonne de mercure de baromètre réduite à zéro. — Les indications du baromètre, d'accord avec l'hypsomètre, nous autorisaient à conclure que sa marche était normale, très-juste. **M. Giardoni,** ingénieur italien, passant à la station Théodule, a trouvé que la colonne de mercure correspond mathématiquement à celle de son *baromètre Fortin.*

INSTRUMENTS D'OBSERVATIONS ET AUTRES OBJETS.

En hautes régions il n'y a pas de magasin de ventes. Il faut se munir de tout l'outillage nécessaire pour les observations : un clou, une ficelle manquent, l'observation ratée; les thermomètres cassent, il faut les remplacer.

Avant de monter en hautes régions, pour se mettre en station, il faut se munir de tous les objets nécessaires, et, à cet effet, je transmets la liste détaillée, à consulter.

Vêtements pratiques du glaciériste. Souliers en cuir fort : talon peu élevé et garni d'un fer à cheval, l'autre extrémité de même; semelle dépassant le cuir garni de clous de husard sur les côtés. Cette chaussure assez large pour laisser une intervalle d'air entre le bas et le cuir. L'air étant mau-

vais conducteur du froid, cette couche d'air préserve les doigts de pieds de
geler par suite de marches dans les neiges à très-basse température. Faute de
cette précaution, des touristes sont rentrés de hautes régions les pieds gelés[1].
— Bas de laines tricotés à la main, le côté extérieur touchant la peau. Il est plus
uni et ne contient pas de fils isolés qui fort souvent blessent l'épiderme. —
Gilet de flanelle. Chemise en laine. Pour les personnes frileuses, chemises en
calicot imprimé en sus. — Pantalon en drap, large et commode. — Gilet, id.,
avec poches nombreuses, extérieurement et intérieurement. — Habit, redin-
gote, veste, en drap, *ad libitum* de forme; nombre de poches, extérieurement
et intérieurement; poches larges et profondes. — Coiffure *ad libitum*, généralement en feutre, rond et solide, avec sous-gorge et cordon d'attache, en
cas de fort vent.

Bâton des Alpes, solide, forte pointe en fer dans le bas, hauteur jusqu'à
l'épaule. — Comme jarretières, pour maintenir les bas, corde de 5 millimètres,
faite avec plusieurs brins, et de 10 mètres de longueur; à l'autre jambe, ficelle
ordinaire de même longueur. Ces jarretières ne gênent nullement dans la
marche et sont d'un secours dans maintes occasions et observations. — Cein-
ture de gymnastique avec corde et hache : les glaciéristes, guides et porteurs
doivent en être munis; c'est un para-accident, surtout en marche dans les
neiges qui couvrent les glaciers et leurs crevasses; de même dans maintes
occasions d'ascensions....

Dans les poches : Lunettes vertes. — Voile vert. — Guêtres montantes, en
cas de neiges. — Crampons de chasseurs de chamois, très-utiles dans maintes
occasions. — Lunettes acromatiques. — Gants chauds. — Riflard (parapluie).
— Mesures métriques. — Boussole de géologue. — Thermomètre. — Carnet
et crayon pour inscrire les observations. — Montre. — Fil à plomb. — Couteau
à plusieurs lames.

Pour courses et ascensions, transportés par les guides ou porteurs : Échelle.
— Cordes. — Haches. — Scies. — Pioches et pelles. — Tente de campement.
— Couverture en laine. — Nourriture. — Ustensiles. — Combustible. — Café
grillé en poudre, en masse. — Cartouches de farine grillée au beurre, pour
soupe à la farine etc. etc....

INSTRUMENTS D'OBSERVATION ISOLÉS POUR OBSERVATIONS EN STATION.

Thermomètres frondeurs. — Thermomètre boule, très-solide pour températures dans sol et neiges. — Collection de thermomètres supplémentaires, et
de grande précision, pour observations spéciales. — Balance petite et poids.
— Balance dite *pont à bascule* et poids pouvant peser plusieurs kilogrammes.
Ces ponts à bascule ont une différence du dixième sur les plateaux, et per-
mettent de peser exactement de forts ou faibles poids, suivant que l'objet à
poser est placé sur l'un ou l'autre plateau. — Mesures de capacité en fer

[1] D. A. *Citation.* M. W. de Fonvielle, tentative d'ascension au Monte-Rosa, est rentré les
pieds gelés.

étamé, de sous-divisions de litres. — Éprouvette en verre graduée au millimètre. — Mesure de largeur. — Chaine d'arpenteur. — Rubans marqués aux centimètres. — Perçoir à glace. — Perches. — Vases métalliques à surfaces polies, pour observer directement le point de rosée de l'air ambiant. — Alidade avec fil en croix. — Niveau d'eau. — Théodolithe. — Pioches. — Pelles. — Haches. — Scies. — Perçoirs (vrilles). — Fil à plomb. — Clous. — Vis. — Ciseaux. — Couteaux. — Lanternes. — Registres d'inscription. — Papier. — Crayons. — Règles. — Équerre. — Encre. — Gomme. — Couleur à l'huile et pinceau. — Aiguilles et fil à coudre. — Pharmacie de poche.

NB. Vessies de porc remplies de matières gelées, appliquées sur les contusions, entorses et foulures. Ce remède est souverain dans ces circonstances aggravantes qui se produisent souvent, malheureusement trop souvent. Ajoutons : en hautes régions, les lésions de l'épiderme, les écorchures ou blessures ne se guérissent pas; elles s'aggravent. Il faut de suite les mettre à l'abri de l'air, en les couvrant de taffetas gommé ou de linge imbibé de teinture d'arnica. — Pour les coups de soleil sur la peau, du savon calcaire, un mélange d'huile et d'eau de chaux claire, appliqués sur la figure et les mains, soulagent beaucoup.

Pour sécher les plantes, du papier non collé. — Pour collection d'insectes, le matériel nécessaire. — Des boites de toutes espèces, pour collectionner. —

N'oublions pas de mentionner un moyen très-simple pour détacher des roches compactes des surfaces polies, striées et rayées : avec des ciseaux forer un trou d'une certaine profondeur; remplir ce trou d'eau, et engager dans la partie supérieure une tige ronde en fer, un peu conique, entourée d'étoffe en fil ou coton, vrai tampon; quand on frappe dessus à petits coups, la partie supérieure s'en détache et reste en place. Pour détacher de grandes surfaces, on pratique un grand nombre de ces trous, et c'est ainsi qu'ont été détachées de la surface polie dite *Helle-Platte* à la Handeck, des surfaces d'un mètre carré. Avec la poudre, les roches sont disloquées et jetées au loin. C'est un moyen très-pratique et peu connu [1]....

----

[1] D. A. Dans ces détails, il y a certes des choses oubliées. Je les ai fait imprimer pour les consulter moi-même à l'occasion, et comme matériaux pour glaciéristes, naturalistes et touristes.

ENREGISTREMENT DES OBSERVATIONS

EN TÊTE DES COLONNES VERTICALES.

OBSERVATIONS MÉTÉOROLOGIQUES ET GLACIAIRES.

Station..... Longitude ° ′ ″ Latitude ° ′ ″ Altitude.....

Année..... Mois.....

JOUR du mois. (Dates).	HEURES. Minuit à 11 h. soir.	SOLEIL.		NOMBRE D'HEURES.		
		Lever. Heure.	Coucher. Heure.	Rayons solaires.	Couvert.	Variable.

Pression atmosphérique.

BAROMÈTRE.			ANÉROIDE.	HYPSOMÈTRE.
Hauteur. mm	Températ. Degrés.	Réduit à zéro.	Hauteur. mm	Degrés.

Vents. **État du ciel.**

Direction.	Force. 0 à 10.	Inclinaison.	Par dixième Couvert. 0 à 10.	SOLEIL. NOMBRE D'HEURES.		
				Rayons.	Sans rayons.	Variable.

Hydrométéores.

NOMBRES D'HEURES.								
Brouill.	Rosée.	Gelée.	Givre.	Verglas.	Pluie.	Neige.	Grésil.	Grêle.

Températures. Air.

OMBRE permanente. Thermomètre fixe.	OMBRE. Thermomètre tourné à fronde.	AU SOLEIL. Thermomètre horizontal fixe.	AU SOLEIL. Thermomètre tourné à fronde.	EXTRÊMES. Thermom. à curseurs. A l'ombre	
				Maxima.	Minima.

Moyenne des températures de l'air.

JOUR. Lect. bi-horaires.	NUIT. Lectures et interpolation.	DIURNE. par lect. bi-horaires.	MOYENNE par 7, 1, 9 heures.	MOYENNE par extrêmes.

Hygrométrie de l'air.

THERMOM. boule sèche.	THERMOM. boule mouillée.	Différence.	TENSION de la vapeur d'eau.	POINT de rosée.	HUMIDITÉ relative.	POINT de rosée. Observation directe.

Hygrométrie moyenne.

JOUR.		NUIT.		DIURNE.		Par 7, 1, 9 h., 3 lect.	
Point de rosée.	Humidité relative.	Point de rosée.	Humidité relative.	Point de rosée.	Humidité relative.	Point de rosée.	Humidité relative.

Évaporation et condensation sur surfaces neiges et eaux.

CONDENSATION		EVAPORATION		Les quantités condensées ou évaporées en annotation.
sur surfaces neiges.	sur surfaces eaux.	sur surfaces neiges.	sur surfaces eaux.	

Hauteur d'eau de pluie ou de neige.

UDOMÈTRE.	NEIGES FRAICHES.		NEIGES TOTALES.		Pluies. Hauteur.	Eau totale. Hauteur.
	Hauteur sur sol.	Hauteur sur glacier.	Hauteur sur sol.	Hauteur sur glacier.		
	m	m	m	m	m	m

Températ. sol ou neiges à 30ᵐᵐ de profondeur (surfaces [1]).

SOL.			NEIGES.			Ablation
Plein air.	Ombre permanente	Sous la table.	Plein air.	Ombre permanente	Sous la table.	de la surface de glace.

Hauteur totale des neiges aux perches.

Sur sol.	Sur glacier.	Glacier découvert	Ablation du glacier.

PROGRAMME DES OBSERVATIONS MÉTÉOROLOGIQUES ET GLACIAIRES DANS LES HAUTES RÉGIONS.

Les observations sont horaires, bi-horaires et quelques-unes à sept heures du matin, une heure et neuf heures du soir, suivant la prescription fédérale. Généralement elles sont interpolées de neuf heures du soir jusqu'au lendemain matin. Les moyennes sont calculées depuis minuit jusqu'à onze heures du soir. — Au-dessous des en-têtes, lignes verticales. Il y a vingt-quatre lignes horizontales tracées en couleur crayon, par heures. — Outre le programme ordinaire, dont ci-bas détail, il y a des observations hors ligne, qui sont annotées au bas des pages journalières, et d'autres sur les pages blanches. Ces cahiers mensuels sont doubles pour chaque mois : l'un reste à la station, et l'autre est expédié à l'organisateur.... — Les observateurs en station inscrivent les lectures dans les colonnes sans calculer les moyennes.

Le programme demande beaucoup de lectures, du savoir-voir et vouloir-voir, avec une persévérance stoïque dans toutes les circonstances, qui fort souvent ne sont pas couleur de rose.

Pour faire des observations sérieuses et exactes, il faut à la station trois individus au minimum ; sans ce nombre, on fait de la mauvaise besogne....

Le gîte doit être d'une solidité à résister aux tempêtes et ouragans effrayants qui surgissent assez fréquemment. Le chauffage, la nourriture et l'éclairage ne doivent jamais manquer.

OBSERVATIONS RÉGULIÈRES A INSCRIRE DANS LES COLONNES.

Lever et coucher du soleil à l'horizon. Noter journellement l'heure quand le disque complet du soleil est à l'horizon le matin, et quand il a complé-

---

[1] En annotation de temps en temps température de 10 en 10 centimètres.

létement disparu le soir. — Les rayons solaires, en hautes régions, ont une grande influence, beaucoup plus que dans les plaines.

Nombre d'heures. Rayons solaires, couvert ou variable.

Baromètre. Hauteur et température de correction à sept heures du matin, une heure et neuf heures du soir.

Anéroïde. Lecture facile à toutes les heures; elles contrôlent et complètent celles du baromètre.

Hypsomètre. Observation une fois par mois; on vérifiera le zéro après ébulliation jusqu'à ce qu'il reste fixe.

Vents. Observation horoire jusqu'à neuf heures du soir.

État du ciel : 0, complétement découvert; 10, totalement couvert, et les fractions intermédiaires. Rayons solaires, sans rayons solaires, variable. Horaires. Observations des plus importantes, dont généralement les tableaux météorologiques ne font pas mention.

Hydrométéores. Inscription horaire. Et supplément de leur intensité au bas de la page.

Température-air. Ombre permanente fixe bi-horaire, et suivant proscription fédérale suisse, à sept, une et neuf heures. Maxima et minima : observer à soleil levant et soleil couchant, et régler de nouveau les curseurs. Thermomètre-frondeur, tourné en fronde de temps en temps, ainsi que le thermomètre au soleil placé horizontalement.

Hygrométrie. Thermomètre sec et thermomètre mouillé dix minutes avant la lecture. Observation horaire, et surtout à sept, une et neuf heures.

Point de rosée observé sur surfaces métalliques refroidies, irrégulièrement par beau et mauvais temps.

Évaporation et condensation. Remplir une bassine de fer-blanc de neige tassée et une autre d'eau, en prendre le poids total (brut); exposer sous le plateau de la table en plein air, afin qu'elles soient à l'ombre. Au bout de quelques heures, les peser et marquer le poids au moment de l'exposition et celui après plusieurs heures d'exposition. Annotation au bas de la page. Expérience de temps en temps.

Udomètre. Mesurer la quantité de pluie tombée du matin au soir et celle de nuit, et mesurer la hauteur de la neige sur les planches, matin et soir. De temps en temps, par suite de fortes chutes, couper une tranche de toutes hauteurs sur 20 centimètres de côté, la faire fondre, mesurer et inscrire la quantité des eaux. — Température à 30 millimètres de profondeur du sol découvert, en plein air, à l'ombre permanente, et sous la table en plein air, le matin à soleil levant, à une heure et avant soleil couchant. Neige sous la table dans un plateau, neige sur sol et glacier aux mêmes heures. — Dans le sol ou localité où la neige n'est pas enlevée ni accumulée par le vent, fixer verticalement une perche-ligne à laquelle est cloué un ruban marqué au centimètre, et observer matin et soir la hauteur totale. Faire de même sur le glacier.

Observations supplémentaires. Une fois par décade, dans des journées favorables, creuser une tranchée dans le sol plein air, dans la neige qui couvre

le sol et dans la neige qui couvre la glace, observer la température de 10 en
10 centimètres et faire l'inscription sur les pages blanches des cahiers mensuels. — Des **sables colorés** exposés à l'ombre et au soleil; en prendre la
température dans de belles journées. — Observer de temps en temps la direction des nuages sur miroir de la rose des vents. — Inscrire la date des premières chutes de neiges persistantes; inscrire la date où elles sont fondues.
Inscrire soigneusement les journées où la neige fond partiellement sur roche.
— Observer à la perche l'ablation du glacier lorsque sa surface n'est pas couverte de neige. — Inscrire les touristes et les gens du pays qui passent le col.
— Récolter les plantes et les sécher soigneusement. De même les mousses,
les lichens. — Collectionner les insectes, papillons etc. — Faire mention des
animaux ou oiseaux qui séjournent ou ceux de passage. — Inscrire les événements extraordinaires; en un mot, tout ce que l'on pense être utile et instructif en tout genre.

Ce programme a été consciencieusement suivi d'août 1865 à fin septembre
1866 par les observateurs en station : **Melchior Blatter**, guide-chef; son frère
Jacob et le cantinier **Gorret** (Antoine), de Valtornanche.

Les guides bernois ont été constamment en parfaite santé. **Gorret**, par suite
d'une frayeur occasionnée par une tempête épouvantable (des plus féroces), a
perdu complétement l'appétit, s'est affaibli et a été transporté dans sa famille.
En peu de temps, il était parfaitement remis et est remonté à la station.

Citons les faits principaux des observations d'une année complète à 3333
mètres d'altitude [1] :

[1] D. A. Voy. les détails dans nos volumes *Météorologie.*

1865 à 1866.

Observations météorologiques et glaciaires au col de Saint-Théodule (Valais).

Station DOLLFUS-AUSSET, 3333 mètres.

Résumé. — Août 1865 à août 1866.

Températures moyennes de l'air par décades à l'ombre.

MOIS.	Décades.	Minuit.	1	2	3	4	5	6	7	8	9	10	11
1865. Août....	1	−3°,85	−3°,85	−3°,88	−3°,89	−3°,57	−3°,31	−3°,02	−2°,35	−0°,57	−0°,32	−0°,07	0°,01
	2	− 0,74	− 0,89	− 1,01	− 0,94	− 0,87	− 0,70	.. 0,61	0,22	2,09	2,81	3,53	3,74
	3	1,74	1,79	1,80	1,82	1,91	2,03	2,15	3,00	3,69	3,82	3,94	4,13
» Septembre	1	− 0,50	− 0,54	− 0,50	− 0,57	− 0,77	− 0,44	− 0,10	0,26	1,64	2,49	3,34	3,81
	2	0,10	0,15	0,28	0,41	0,53	0,81	1,19	1,38	3,20	4,32	5,44	6,16
	3	− 2,70	− 2,92	− 3,13	− 3,12	− 3,10	− 3,03	− 2,82	− 2,24	− 0.56	0,66	1,88	2,44
» Octobre..	1	− 4,87	− 5,08	− 5,29	− 5,35	− 5,28	− 5,13	− 4,98	− 4,72	− 3,52	− 2,68	− 1,85	− 1,27
	2	− 7,36	− 7,57	− 7,79	− 8,04	− 8,00	− 7,97	− 7,90	− 7,35	− 6,10	− 5,35	− 4,61	− 4,46
	3	− 8,02	− 8,08	− 8,10	− 7,94	− 7,85	− 7,33	− 7,30	− 6,88	− 5,96	− 5,57	− 5,18	− 4,72
» Novembre	1	− 9,21	− 9,26	− 9,20	− 9,27	− 9,20	− 8,94	− 8,66	− 8,52	− 7,62	− 7,33	− 7,04	− 6,75
	2	− 8,92	− 9,05	− 9,05	− 8,92	− 8,84	− 8,70	− 8,40	− 8,14	− 8,14	− 6,74	− 5,62	− 5,60
	3	− 7,91	− 7,97	− 8,02	.. 8,00	− 8,03	− 7,84	− 7,62	− 7,55	− 7,20	− 6,95	− 6,70	− 6,51
» Décembre.	1	− 9,28	− 9,23	− 9,21	− 9,12	− 9,06	− 8,92	− 8,81	− 9,38	− 9,28	− 8,66	− 8,20	− 7,93
	2	−14,13	−13,34	−13,49	−13,53	−13,55	−13,59	−13,64	−14,12	−13,68	−12,37	−11,08	−11,00
	3	− 8,69	− 8,97	− 9,27	− 9,43	− 9,57	− 9,44	− 9,18	− 8,53	− 8,22	− 7,41	− 6,61	− 6,55
1866. Janvier..	1	−11,83	−12,00	−12,06	−11,94	−11,84	−11,76	−11,58	−11,71	−11,50	−10,65	− 9,76	− 9,40
	2	−11,66	−11,99	−12,10	−11,93	−11,60	−11,20	−10,94	−11,22	−11,20	−10,55	− 9,90	− 9,33
	3	−10,44	−10,51	−10,55	−10,38	−10,10	− 9,74	− 9,47	− 9,95	− 9,20	− 8,30	− 7,40	− 6,90
» Février..	1	−10,20	−10,04	− 9,90	− 9,74	− 9,66	− 9,40	− 9,30	− 9,17	− 9,22	− 8,65	− 8,08	− 7,78
	2	−12,29	−12,46	−12,58	−12,50	−12,42	−12,18	−11,92	−11,87	−11,50	−10,60	− 9,72	− 9,50
	3	−12,46	−12,81	−12,86	−12,86	−12,62	−12,44	−12,16	−11,92	−11,42	−10,90	− 9,97	− 9,35
» Mars ...	1	−13,49	−13,74	−13,98	−14,18	−14,29	−14,26	−14,02	−13,90	−12,78	−11,24	−10,92	−10,52
	2	−15,50	−15,67	−16,00	−15,80	−15,58	−15,39	−15,26	−15,12	−13,64	−12,64	−11,64	−11,24
	3	−13,94	−14,31	−14,35	−14,66	−14,36	−13,85	−13,54	−13,38	−11,94	−10,64	− 9,35	− 9,15
» Avril ...	1	−12,28	−12,44	−12,56	−12,70	−12,55	−12,40	−12,28	−11,32	−10,34	− 9,70	− 9,06	− 8,48
	2	− 7,58	− 7,55	− 7,36	− 7,16	− 6,85	− 6,57	− 6,28	− 5,37	− 4,66	− 3,57	− 2,58	− 2,32
	3	− 8,63	− 8,78	− 8,67	− 8,46	− 8,06	− 7,64	− 7,28	− 5,88	− 4,92	− 4,60	− 4,30	− 3,99
» Mai	1	− 7,92	− 8,16	− 8,03	.. 8,19	− 7,45	.. 6,57	− 5,74	− 4,94	− 4,04	− 3,27	− 2,64	− 2,13
	2	−12,67	−12,46	−12,13	−11,91	−11,32	−10,59	− 9,82	− 9,20	− 8,42	− 8,00	− 7,58	− 6,80
	3	− 7,51	− 7,86	− 7,86	− 7,81	.. 7,57	− 6,58	− 5,60	− 5,02	− 4,56	− 4,11	− 3,64	− 3,41
» Juin....	1	− 4,05	− 4,24	− 4,25	− 4,04	− 3,80	− 3,11	− 2,41	− 2,06	− 1,28	− 0,38	0,47	0,55
	2	− 3,56	− 3,70	− 3,56	− 3,37	− 3,06	− 2,58	− 2,08	− 1,23	− 0,26	0,21	0,61	1,58
	3	− 9,71	− 0,58	− 0,47	− 0,25	0,45	0,45	0,44	0,96	1,94	2,71	3,46	4,47
» Juillet...	1	− 2,92	− 2,98	− 3,05	− 3,02	− 2,70	− 2,75	− 2,54	− 2,00	− 0,87	− 0,01	0,96	1,61
	2	0,59	0,27	0,36	0,36	0,88	1,28	1,69	2,16	2,60	4,15	5,63	6,88
	3	− 2,79	− 2,66	.. 2,59	− 2,34	− 2,02	− 1,75	− 1,28	− 0,60	0,30	1,49	2,68	3,65
Année..........		− 7,35	− 7,46	− 7,49	− 7,70	− 7,23	− 6,95	− 6,65	− 6,25	− 5,47	− 4,55	− 3,89	− 3,43
Maxima.........		1,74	1,79	1,80	1,82	1,91	2,03	2,15	3,00	3,69	4,32	5,63	6,88
Minima.........		−15,50	−15,67	−16,00	−15,80	−15,58	−15,39	−15,26	−15,12	−13,64	−12,64	11,64	−11,24
Différence........		17,24	17,46	17,80	17,62	17,49	17,42	17,41	18,12	17,33	16,96	17,27	18,12

Observateurs en station du 1er août 1865 au 31 août 1866 : **Melchior** et **Jacob Blatter**, de Meiringen, et **J. Antoine Gorret**, de Valtournache.

La deuxième décade de décembre, la première et la deuxième de mars sont les plus froides de l'année.

Moyennes diurnes au-dessus de zéro : juin, troisième décade; juillet, deuxième et troisième; août, deuxième et troisième; septembre, deuxième; total, six décades.

1865 à 1866.

Observations météorologiques et glaciaires au col de Saint-Théodule (Valais).

Station DOLLFUS-AUSSET, 3333 mètres.

Résumé. — Août 1865 à août 1866.

Températures moyennes de l'air par décades à l'ombre.

MOIS.	Décades.	Midi.	1	2	3	4	5	6	7	8	9	10	11	Moyennes.
1865. Août.	1	1°,61	1°,30	1°,73	1°,37	1°,02	0°,36	−0°,30	−1°,20	−2°,10	−2°,12	−2°,63	−3°,10	−1°,35
	2	3,95	4,66	4,42	3,72	3,02	2,14	1,27	0,85	0,44	− 0,23	− 0,44	− 0,68	1,24
	3	5,33	5,39	5,24	4,96	4,68	4,08	3,47	3,24	3,02	2,84	2,43	1,94	3,29
» Sept.	1	4,29	4,31	4,19	3,74	3,20	2,64	1,98	1,39	0,80	0,36	0,11	− 0,15	1,46
	2	6,89	7,01	6,26	5,39	4,51	3,49	2,48	2,07	1,66	1,42	1,00	2,58	2,78
	3	3,00	2,58	2,69	1,86	1,00	0,12	− 0,74	− 1,27	− 1,81	− 1,94	− 2,47	− 2,89	− 0,77
» Oct.	1	− 0,80	− 0,84	− 1,41	− 1,95	− 2,48	− 3,04	− 3,62	− 3,77	− 3,93	− 4,20	− 4,50	− 4,81	− 3,54
	2	− 4,33	− 4,52	− 4,72	− 5,12	− 5,63	− 5,90	− 6,16	− 6,25	− 6,33	− 6,61	− 6,88	− 7,17	− 6,34
	3	− 4,27	− 4,39	− 4,77	− 5,00	− 5,22	− 5,66	− 6,11	− 6,52	− 6,94	− 6,85	− 7,30	− 7,64	− 6,41
» Nov.	1	− 6,46	− 6,80	− 7,32	− 7,66	− 8,00	− 7,92	− 7,84	− 7,89	− 7,94	− 8,12	− 8,50	− 8,87	− 8,10
	2	− 5,58	− 5,52	− 6,22	− 6,87	− 7,52	− 7,73	− 7,94	− 8,15	− 8,18	− 7,86	− 8,21	− 8,57	− 7,67
	3	− 6,32	− 6,37	− 6,20	− 6,68	− 7,16	− 7,23	− 7,30	− 7,29	− 7,28	− 7,40	− 7,56	− 7,73	− 7,28
» Déc.	1	− 7,66	− 7,91	− 8,20	− 8,78	− 9,36	− 9,09	− 8,22	− 8,83	− 8,84	− 9,10	− 9,14	− 9,20	− 8,83
	2	−10,92	−11,42	−12,17	−12,48	−12,79	−12,74	−12,68	−13,04	−13,36	−12,70	−12,94	−13,08	−12,82
	3	− 6,49	− 6,18	− 6,74	− 7,45	− 8,16	− 7,99	− 7,72	− 8,14	− 8,47	− 7,87	− 8,14	− 8,42	− 8,07
1866. Janv.	1	− 9,04	− 9,64	− 9,92	−10,33	−10,75	−10,87	−11,00	−11,21	−11,42	−11,41	−11,70	−12,02	−11,00
	2	− 8,76	− 9,06	− 9,24	− 9,53	− 9,84	− 9,72	− 9,62	− 9,62	− 9,62	− 9,70	−10,33	−10,77	−10,40
	3	− 6,65	− 6,50	− 6,85	− 7,85	− 8,35	− 9,24	− 9,62	− 9,00	−10,18	− 9,66	−10,15	−10,36	− 9,10
» Fév.	1	− 7,28	− 7,37	− 7,78	− 8,52	− 9,21	− 9,77	−10,36	−10,64	−10,92	−10,80	−10,67	−10,50	− 9,37
	2	− 9,40	− 8,94	− 9,50	−10,16	−10,82	−11,33	−11,84	−11,80	−11,76	−11,66	−11,92	−12,19	−11,32
	3	− 8,72	− 8,67	− 9,17	− 9,86	−10,55	−11,46	−11,97	−12,27	−12,57	−12,32	−12,70	−13,07	−11,42
» Mars.	1	−10,12	−10,66	−10,48	−11,28	−12,10	−12,72	−13,34	−13,33	−13,32	−13,18	−13,54	−13,95	−12,72
	2	−10,84	−10,92	−11,04	−11,93	−12,82	−13,60	−14,36	−14,27	−14,16	−13,98	−14,35	−15,66	−13,77
	3	− 9,05	− 8,73	− 9,02	− 9,76	−10,49	−11,32	−12,07	−12,34	−12,61	−12,14	−12,69	−13,25	−11,97
» Avril.	1	− 7,90	− 7,86	− 8,32	− 8,82	− 9,32	−10,01	−10,70	−10,93	−11,16	−11,40	−11,72	−12,05	−10,68
	2	− 2,16	− 2,30	− 2,02	− 3,02	− 4,00	− 4,57	− 5,28	− 5,73	− 6,18	− 6,24	− 6,83	− 7,41	− 5,15
	3	− 3,90	− 4,00	− 3,78	− 4,49	− 5,16	− 5,60	− 6,04	− 6,62	− 7,30	− 7,24	− 7,67	− 8,13	− 6,63
» Mai .	1	− 2,02	− 1,84	− 1,95	− 2,78	− 3,58	− 4,10	− 4,66	− 5,60	− 6,52	− 6,22	− 6,95	− 7,69	− 5,12
	2	− 6,02	− 6,14	− 5,94	− 6,40	− 6,88	− 7,81	− 8,74	− 9,84	−10,92	−11,64	−12,22	−12,56	− 9,42
	3	− 2,96	− 2,45	− 1,73	− 1,82	− 1,89	− 2,99	− 4,07	− 4,99	− 6,04	− 5,89	− 6,24	− 6,56	− 4,97
» Juin.	1	0,66	1,26	1,30	0,82	0,35	0,03	− 0,48	− 1,21	− 1,84	− 2,11	− 2,64	− 3,14	− 1,48
	2	2,54	2,77	2,01	1,80	1,59	0,86	0,20	− 0,44	− 1,08	− 1,51	− 2,21	− 2,91	− 0,72
	3	5,33	6,44	6,32	5,77	5,19	4,26	3,83	2,45	1,58	1,28	0,67	0,04	2,31
» Juill.	1	2,24	3,12	2,02	2,29	1,76	0,98	0,20	− 0,54	− 1,30	− 1,60	− 2,13	− 2,45	− 0,63
	2	8,14	8,22	8,82	8,02	7,22	5,91	4,60	3,39	2,30	1,46	0,98	0,48	3,59
	3	4,45	4,62	3,53	3,20	2,85	1,69	0,51	− 0,37	− 1,25	− 1,61	− 2,18	− 2,45	0,21
Année		− 3,15	− 2,91	− 3,18	− 3,75	− 4,28	− 4,73	− 5,38	− 5,81	− 6,23	− 6,29	− 6,67	− 7,03	− 5,51
Maxima.		8,14	8,22	8,82	8,02	7,22	5,91	4,60	3,39	3,02	2,84	2,43	1,94	3,59
Minima.		−10,92	−11,42	−12,17	−12,48	−12,82	−13,60	−14,36	−14,27	−14,16	−13,98	−14,35	−14,66	−13,77
Différence		19,06	19,64	−20,99	20,50	20,04	19,51	18,96	17,66	17,18	16,82	16,78	16,60	17,36

Heures d'observations positives à soleil levant et à 6, 7, 8, 10, midi, 1, 2, 4, 6, 8, 9. Les autres heures sont interpolées.

Maxima : Lectures les plus élevées.

Minima : Thermomètre minima à index (curseur).

Moyennes de l'année, — 5°,51. Maxima de décades, moyennes, 3°,59. Minima, — 13°,77.

1865 à 1866.

Observations météorologiques et glaciaires au col de Saint-Théodule (Valais).

Station DOLLFUS-AUSSET, 3333 mètres.

Résumé. — Août 1865 à août 1866.

Températures mensuelles horaires de l'air à l'ombre.

MOIS.	Minuit.	1	2	3	4	5	6	7	8	9	10	11
1865. Août . .	−0°,86	−0°,89	−0°,94	−0°,91	−0°,75	−0°,50	−0°,41	0°,38	1°,80	2°,16	2°,51	3°,05
» Sept. . .	− 1,03	− 1,10	− 1,12	− 1,09	− 1,11	− 0,89	− 0,58	− 0,20	1,43	2,49	3,55	4,14
» Oct.. . .	− 6,79	− 6,94	− 7,09	− 7,13	− 7,07	− 6,82	− 6,74	− 6,34	− 5,22	− 4,57	− 3,96	− 3,52
» Nov. . .	− 8,68	− 8,76	− 8,75	− 8,73	− 8,69	− 8,49	− 8,22	− 8,07	− 7,65	− 7,00	− 6,45	− 6,28
» Déc. . .	−10,63	−10,46	−10,61	−10,65	−10,69	−10,61	−10,50	−10,61	−10,32	− 9,41	− 8,56	− 8,42
1866. Janvier.	−11,28	−11,47	−11,52	−11,38	−11,15	−10,89	−10,63	−10,93	−10,59	− 9,78	− 8,97	− 8,49
» Février.	−11,59	−11,69	−11,70	−11,62	−11,49	−11,26	−11,05	−10,92	−10,66	− 9,99	− 9,21	− 8,86
» Mars . .	−14,30	−14,56	−14,83	−14,87	−14,73	−14,48	−14,25	−14,11	−12,76	−14,48	−10,95	−10,26
» Avril . .	− 9,50	− 9,57	− 9,53	− 9,44	− 9,15	− 8,87	− 8,61	− 7,52	− 6,64	− 5,96	− 5,31	− 4,93
» Mai. . .	− 9,31	− 9,44	− 9,29	− 9,25	− 8,74	− 7,87	− 7,01	− 6,34	− 5,64	− 5,09	− 4,59	− 4,09
» Juin . .	− 2,77	− 2,84	− 2,72	− 2,55	− 2,14	− 1,75	− 1,35	− 0,78	0,13	0,85	1,51	2,20
» Juillet .	− 1,74	− 1,82	− 1,80	− 1,69	− 1,30	− 1,09	− 0,72	− 0,19	0,68	1,86	3,08	4,03
SAISONS. (Moyennes.)												
Hiver	−11,17	−11,28	−11,28	−11,22	−11,11	−10,92	−10,73	−10,82	−10,62	− 9,73	− 8,91	− 8,59
Printemps . .	−11,04	−11,19	−11,22	−11,19	−10,87	−10,41	− 9,96	− 9,32	− 8,35	− 7,51	− 6,95	− 6,43
Été.	− 1,07	− 1,85	− 1,82	− 1,72	− 1,39	− 1,13	− 0,82	− 0,19	0,88	1,82	2,37	3,10
Automne . . .	− 5,50	− 5,60	− 5,65	− 5,65	− 5,62	− 5,40	− 5,18	− 4,87	− 3,81	− 3,03	− 3,29	− 1,89
Année.	− 7,42	− 7,45	− 7,49	− 7,70	− 7,25	− 6,97	− 6,65	− 6,30	− 5,48	− 4,66	− 3,94	− 3,45
EXTRÊMES.												
Maxima. . . .	− 0,86	− 0,89	− 0,94	− 0,91	− 0,75	− 0,50	− 0,41	0,38	1,80	2,49	3,55	4,14
Minima	−14,30	−14,56	−14,83	−14,87	−14,73	−14,48	−14,25	−14,11	−12,76	−11,48	−10,95	−10,26
Différence. . .	−13,44	13,57	13,89	13,96	13,98	13,98	13,84	14,49	14,56	13,07	14,50	14,40

Températures de minuit, 1, 2, 3, 4, 5, 9, 11, 3, 5, 7, 10, 11 sont interpolées dans tous les tableaux.

1865 à 1866.

Observations météorologiques et glaciaires au col de Saint-Théodule (Valais).

Station DOLLFUS-AUSSET, 3333 mètres.

Résumé. — Août 1865 à août 1866.

Températures mensuelles horaires de l'air à l'ombre.

MOIS.	Midi.	1	2	3	4	5	6	7	8	9	10	11	Moyennes.	Moyennes par Extrêmes.
1865. A.	3°,58	3°,85	3°,84	3°,40	2°,96	2°,25	1°,55	1°,04	0°,54	0°,25	−0°,14	−0°,53	1°,13	1°,45
» S.	4,73	4,63	4,38	3,66	2,93	2,08	1,24	0,73	0,22	− 0,05	− 0,45	− 0,82	1,16	1,80
» O.	− 3,17	− 3,29	− 3,67	− 4,05	− 4,47	− 4,89	− 5,32	− 5,54	− 5,74	− 5,92	− 6,26	− 6,57	− 5,46	− 5,15
» N.	− 6,09	− 6,23	− 6,58	− 7,07	− 7,56	− 7,62	− 7,69	− 7,77	− 7,80	− 7,79	− 8,09	− 8,39	− 7,68	− 7,43
» D.	− 8,20	− 8,43	− 8,96	− 9,50	−10,04	− 9,86	− 9,68	− 9,92	−10,17	− 9,83	−10,01	−10,17	− 9,78	− 9,49
1866. J.	− 8,10	− 8,34	− 8,61	− 9,20	− 9,78	− 9,92	−10,07	−10,23	−10,40	−10,23	−10,70	−11,03	−10,16	− 9,82
» F.	− 8,45	− 8,30	− 8,79	− 9,49	−10,17	−10,81	−11,35	−11,52	−11,69	−11,54	−11,70	−11,84	−10,65	−10,00
» M.	− 9,97	−10,06	−10,14	−10,95	−11,76	−11,86	−13,22	−13,28	−13,34	−13,07	−13,50	−13,93	−12,78	−12,42
» A.	− 4,65	− 4,72	− 4,71	− 5,44	− 6,16	− 6,73	− 7,34	− 7,76	− 8,21	− 8,29	− 8,74	− 9,20	− 7,37	− 7,11
» M.	− 3,65	− 3,45	− 3,16	− 3,61	− 4,05	− 4,90	− 5,77	− 6,75	− 7,77	− 7,85	− 8,40	− 8,68	− 6,45	− 6,30
» J.	2,84	3,49	3,21	2,79	2,38	1,71	1,02	0,27	− 0,45	− 0,78	− 1,39	− 2,00	0,04	0,22
» J.	4,92	5,29	4,94	4,46	3,91	2,82	1,73	0,79	− 0,17	− 0,61	− 1,11	− 1,50	1,03	1,73
SAISONS. (Moyennes.)														
Hiver . .	− 8,28	− 8,36	− 8,79	− 9,40	− 9,99	−10,20	−10,37	−10,56	−10,75	−10,53	−10,80	−11,01	−10,20	− 9,77
Print. . .	− 6,09	− 6,08	− 6,00	− 6,67	− 7,32	− 7,83	− 8,78	− 9,26	− 9,77	− 9,74	−10,21	−10,60	− 8,83	− 8,61
Été. . . .	3,78	4,21	4,00	3,55	3,09	2,26	1,44	0,70	− 0,02	− 0,37	− 0,88	− 1,34	0,73	1,13
Autom. .	− 1,51	− 1,63	− 1,96	− 2,49	− 3,03	− 3,48	− 3,92	4,19	− 4,44	− 4,59	− 4,93	− 5,26	− 3,99	− 3,95
Année. .	− 3,02	− 2,87	− 3,18	− 3,75	− 4,32	− 4,81	− 5,38	− 5,81	− 6,23	− 6,31	− 6,71	− 7,05	− 5,51	− 5,32
EXTRÊMES.														
Maxim. .	4,92	5,29	4,94	4,46	3,91	2,82	1,73	1,04	0,54	0,25	− 0,14	− 0,53	1,16	1,80
Minim. .	− 9,97	−10,06	−10,14	−10,95	−11,76	−11,86	−13,22	−13,28	−13,34	−13,09	−13,50	−13,93	−12,78	−12,42
Différ. . .	14,89	15,35	15,08	15,41	15,67	14,68	14,95	14,32	13,88	13,34	13,36	13,40	13,94	14,22

Mois le plus chaud : septembre. — Mois le plus froid : mars. — Mois correspondant à la moyenne de l'année : octobre.
Moyennes les plus élevées, à 1 heure. — Moyennes les plus basses, à 3 heures.
Moyennes horaires correspondant aux moyennes diurnes, à 8 heures du matin et à 6 heures du soir.

Moyennes de l'année par horaires . . . . — 5°,51.
     »   par 7, 1, 9. . . . . — 5°,19.
     »   par extrêmes . . . . — 5°,21.
     »   par les trois calculs. . . . . — 5°,30.

Les moyennes par 7, 1, 9, 3 lectures, et celles par maxima et minima sont correspondantes ; elles sont de 0°,18 plus élevées que celles par lectures horaires. La différence est faible et résulte des interpolations de nuit.

Pour établir des moyennes par décades, mensuelles, par saisons et année, des lectures de 7, 1, 9 heures, suivant programme helvétique fédéral, suffisent. Les observations maxima et minima par thermomètre à curseur, une seule observation diurne, donnent des résultats satisfaisants.

1865 à 1866.

Observations météorologiques au col du Saint-Théodule (Valais).

Station DOLLFUS-AUSSET, 3333 mètres.

Résumé. — Décembre 1865 à décembre 1866.

TEMPÉRATURES DE L'AIR. — DÉCADES.

MOIS.	DÉCADES.	Moyennes.	MOYENNES Matin. Heures.	CORRESPONDANT Soir. Heures.	JOURNÉE la plus chaude.	JOURNÉE la plus froide.	Différences.	EXTRÊMES ISOLÉS. Maxima.	Minima.	Différences.
1865. Décembre.	1	$-8°,83$	9	8	$-7°,59$	$-10,61$	$3°,02$	$-4°,8$	$-14°,0$	$9°,2$
	2	$-12,82$	8	4	$-9,33$	$-19,00$	$9,67$	$-6,0$	$-21,3$	$15,3$
	3	$-8,07$	8	7	$-4,34$	$-11,98$	$7,64$	$-1,0$	$-14,8$	$13,8$
1866. Janvier	1	$-11,00$	8	6	$-6,90$	$-18,00$	$11,10$	$-3,0$	$-19,8$	$16,8$
	2	$-10,40$	9	10	$-6,40$	$-16,10$	$7,70$	$-4,0$	$-20,8$	$16,8$
	3	$-9,10$	8	5	$-7,30$	$-12,30$	$5,00$	$-4,4$	$-19,2$	$14,8$
» Février	1	$-9,37$	6	4	$-5,93$	$-14,53$	$8,60$	$-3,6$	$-17,2$	$13,6$
	2	$-11,33$	8	5	$-8,22$	$-18,37$	$10,15$	$-4,2$	$-20,0$	$15,8$
	3	$-11,42$	8	5	$-7,59$	$-14,34$	$6,75$	$-5,6$	$-19,0$	$13,4$
» Mars	1	$-12,72$	8	5	$-8,77$	$-16,90$	$8,13$	$-5,2$	$-20,0$	$14,8$
	2	$-13,77$	8	5	$-11,20$	$-18,64$	$7,44$	$-6,0$	$-21,4$	$15,4$
	3	$-11,97$	8	6	$-7,35$	$-14,48$	$7,13$	$-3,6$	$-19,8$	$16,2$
» Avril	1	$-10,86$	8	6	$-7,43$	$-14,43$	$7,00$	$-3,4$	$-17,0$	$13,6$
	2	$-5,15$	7	6	$-3,37$	$-11,11$	$8,26$	$2,6$	$-14,4$	$17,0$
	3	$-6,30$	6	7	$-0,52$	$-11,22$	$10,70$	$4,0$	$-14,9$	$16,9$
» Mai.	1	$-5,12$	7	7	$-3,34$	$-8,03$	$4,69$	$2,2$	$-13,0$	$15,2$
	2	$-9,42$	7	7	$-4,66$	$-12,26$	$7,60$	$-1,0$	$-16,4$	$15,4$
	3	$-4,97$	7	7	$-2,59$	$-8,47$	$5,88$	$1,0$	$-13,2$	$14,2$
» Juin	1	$-1,48$	8	7	$1,16$	$-3,08$	$4,24$	$6,6$	$-7,5$	$14,1$
	2	$-0,72$	7	7	$2,36$	$-4,23$	$6,59$	$7,2$	$-11,8$	$19,0$
	3	$2,31$	9	7	$3,94$	$-1,08$	$2,86$	$11,2$	$-3,0$	$14,2$
» Juillet.	1	$-0,63$	8	7	$1,97$	$-3,78$	$5,75$	$6,0$	$-9,7$	$15,7$
	2	$3,50$	9	7	$5,96$	$-3,41$	$9,37$	$14,8$	$-6,0$	$20,8$
	3	$0,21$	8	6	$3,20$	$-1,96$	$5,25$	$8,8$	$-7,0$	$15,8$
1865. Août	1	$-1,35$	8	7	$1,24$	$-5,25$	$6,49$	$5,8$	$-10,0$	$15,8$
	2	$1,24$	8	6	$3,86$	$-0,44$	$4,30$	$8,6$	$-3,0$	$11,6$
	3	$3,29$	7	7	$9,60$	$0,20$	$9,40$	$15,1$	$-2,0$	$17,1$
» Septembre	1	$1,46$	8	7	$3,78$	$-1,08$	$4,86$	$8,6$	$-4,5$	$13,1$
	2	$2,78$	8	6	$3,57$	$1,12$	$2,45$	$9,0$	$-2,8$	$11,8$
	3	$-0,77$	9	6	$2,52$	$-3,15$	$5,67$	$6,6$	$-7,1$	$13,7$
» Octobre	1	$-3,54$	8	6	$-1,45$	$-5,89$	$4,44$	$1,8$	$-4,2$	$11,0$
	2	$-6,34$	8	8	$-4,12$	$-8,12$	4.00	$-1,2$	$-11,4$	$10,2$
	3	$-6,41$	7	7	$-3,22$	$-9,87$	$6,65$	$-1,5$	$-13,9$	$12,4$
» Novembre.	1	$-8,10$	7	9	$-5,34$	$-12,45$	$7,11$	$-3,2$	$-16,7$	$13,5$
	2	$-7,67$	8	5	$-5,71$	$-9,00$	$3,29$	$-1,0$	$-12,9$	$11,9$
	3	$-7,28$	8	6	$-2,46$	$-11,18$	$8,72$	$-0,2$	$-12,9$	$12,7$
Moyennes.	—	$-5,51$	8	7	$-2,60$	$-9,20$	$6,60$	$1,53$	$-12,97$	$14,50$
Maxima.	—	$3,59$	9	10	$9,60$	$1,12$	$11,10$	$15,1$	$-2,0$	$20,8$
Minima.	—	$-13,77$	6	4	$-11,20$	$-19,00$	$3,02$	$-6,0$	$-21,4$	$9,2$
Différences	—	$17,36$	3	6	$20,80$	$20,12$	$8,08$	$21,1$	$19,4$	$11,6$

Moyennes diurnes horaires correspondant matin et soir approximativement aux heures indiquées.

1865 à 1866.

Observations météorologiques et glaciaires au col du Saint-Théodule (Valais).

Station DOLLFUS-AUSSET, 3333 mètres.

Résumé. — Décembre 1865 à décembre 1866.

TEMPÉRATURE DE L'AIR. — MENSUEL.

MOIS.	Moyennes.	MOYENNES. Matin. Heures.	CORRESPONDANT. Soir. Heures.	JOURNÉE		Différences.	EXTRÊMES ISOLÉS.		Différences.
				la plus chaude.	la plus froide.		Maxima.	Minima.	
1865. Décembre	-9°,78	6	5	-4°,34	-19,00	14°,66	-1°,0	-21°,3	20,3
1866. Janvier	-10,15	8	6	- 6,90	-18,00	11,11	- 3,0	- 20,8	17,8
» Février	-10,65	8	5	- 5,93	-18,37	12,44	- 3,6	- 20,0	16,4
» Mars	-12,78	8	6	- 7,35	-18,64	11,29	- 3,6	- 21,4	17,8
» Avril	- 7,37	7	6	- 0,52	-11,22	10,70	2,6	- 14,9	17,5
» Mai.	- 6,45	7	7	- 2,59	-12,26	9,67	2,2	- 16,4	18,6
» Juin . . , . . - .	0,04	8	7	3,94	- 4,23	8,17	11,2	- 11,8	23,0
» Juillet	1,03	8	7	5,96	- 3,78	9,74	14,8	- 9,7	24,5
1865. Août	1,13	7	7	9,60	- 5,25	14,85	15,1	- 10,0	25,1
» Septembre. . . .	1,16	8	6	3,78	- 3,15	6,93	9,0	- 7,1	16,1
» Octobre	- 4,63	8	7	- 1,45	- 9,87	8,42	- 1,2	- 13,9	12,7
» Novembre	- 7,68	8	6	- 2,46	-12,46	10,00	- 0,2	- 16,7	16,5
SAISONS.									
Hiver . . . . ,	-10,19	8	5	- 4,34	-19,00	14,66	- 1,0	- 21,3	20,3
Printemps	- 8,87	7	6	- 0,52	-18,64	18,12	2,6	- 21,4	24,0
Été	0,73	8	7	9,60	- 5,25	14,85	15,1	- 11,8	26,9
Automne	- 3,72	8	6	3,78	-12,46	15,24	9,0	- 16,7	25,7
Année.	- 5,51	8	7	- 0,69	11,35	10,66	3,52	-13,67	17,19
Maxima	1,16	8	7	9,60	- 3,15	14,85	15,1	- 7,1	25,1
Minima	-12,78	6	5	- 7,35	-19,00	6,93	- 3,6	- 21,4	12,7
Différence	13,94	2	2	16,95	15,85	7,92	18,7	14,3	12,4

1865 à 1866.

Observations météorologiques et glaciaires au col du Saint-Théodule (Valais).

Station DOLLFUS-AUSSET, 3333 mètres.

Résumé. — Décembre 1865 à décembre 1866.

TEMPÉRATURE DE L'AIR.

MOIS.	NOMBRE DIURNE. Température + 0°, partiellement.				NOMBRE d'heures + 0°. Diurne.	NOMBRE diurne constam^t + 0°	NOMBRE de jours constam^t + 0°.
	7	1	9	Diurne.			
1865. Décembre	0	0	0	0	0	0	0
1866. Janvier	0	0	0	0	0	0	0
» Février	0	0	0	0	0	0	0
» Mars	0	0	0	0	0	0	0
» Avril	1	4	0	0	25	0	0
» Mai	0	4	0	0	17	0	0
» Juin	12	24	16	24	367	0	8
» Juillet	17	30	12	30	441	5	13
» Août	19	29	16	29	483	8	16
» Septembre	19	29	20	29	508	9	16
» Octobre	0	3	0	3	12	0	0
» Novembre	0	0	0	0	0	0	0
SAISONS.							
Hiver	0	0	0	0	0	0	0
Printemps	1	8	0	8	42	0	37
Été	48	83	44	83	1291	13	16
Automne	19	32	20	32	520	9	0
Année	68	123	64	121	1853	22	53
Maximas	19	30	20	30	508	9	16
Minimas	0	0	0	0	0	0	0
Différence	19	30	20	30	508	9	16

Température partiellement au-dessus de 0°. Nombre diurne (24 heures). . . . . . . Année. . . 123. — 23 p. 100

Température au-dessus de 0°. Nombre d'heures dans le mois . . . . Année. . . 1853. 21 p. 100

Température au-dessus de 0°, constamment diurne . . . . Année. . . 22. — 6 p. 100

Température au-dessus de 0°, constamment de jour du soleil levant au soleil couchant. Année. . . 53. — 14 p. 100

1865 à 1866.

Observations météorologiques et glaciaires au col du Saint-Théodule (Valais).

Station DOLLFUS-AUSSET, 3333 mètres.

Résumé. — Décembre 1865 à décembre 1866.

TEMPÉRATURE DE L'AIR.

Thermomètre tourné en fronde à l'ombre, plein air, au soleil; posé à plat, exposé aux rayons solaires.

MOIS.	DATES.	HEURES.	TEMPÉRATURE.				
			Ombre.	Soleil.	Soleil à plat.	Différ. avec ombre.	
1865. Décembre	8	Midi.	−8°,0	−5°,8	+12°,5	20,5	Ces quelques citations comme spécimen.
1866. Janvier	16	Midi.	− 5,2	− 3,0	+ 18,9	24,1	
» Février							
» Mars	15	1	− 9,0	− 7,5	+ 5,0	14,0	
» Avril	13	1	0,0	2,5	+ 13.0	13,0	
» Mai							
» Juin (recoir juin) . .	7	1	0,0	4,3	+ 13,0	13,0	
» Juillet							
» Août							
» Septembre							
» Octobre							
» Novembre	19	Midi.	− 5,0	− 2,2	+ 7,0	12,0	

MOIS.	DATES.	HEURES.	TEMPÉRATURE.				AU SOLEIL.			
			Ombre.	Soleil.	Soleil fixe.	Différ. avec ombre.	Sol 30mm profond.	Craie blanch.	Craie noire,	Différ. avec air ombre.
	7	10	1°,0	4,°5	7°,2	6°,2	12°,9	18°,0	26°,0	25°,0
		Midi.	0,0	5,0	12,2	12,2	13,3	25,0	34,6	34,6
		1	0,0	4,3	13,0	13,0	13,8	25,6	36,4	36,4
		2	0,0	2,0	11,8	11,8	14,0	22,6	32,2	32,0
		4	0,2	2,0	5,0	4,8	9,8	18,3	23,2	23,0
Juin 1866	9	Midi.	2,9	7,8			23,5	33,0	45,0	42,1
	10	1	3,2	6,0			16,0			
	11	1	6,2	9,0			15,0			
	12	10	3,0	7,6			20,5			
	18	1	− 3,0	0,5			12,0			
	20	Midi.	1,2	4,0			21,0			
	22	10	2,0	4,5			23,0			
	24	2	7,8	10,5			21,2			

Le sol, couvert de neige, est gelé dans toutes les saisons.

Le sol, découvert à l'ombre permanente, est gelé, sauf dans les journées exceptionnellement chaudes et vents chauds; il dégèle à 1 centimètre de profondeur.

Pour plus de détails, voyez les citations nombreuses dans nos matériaux.

1865 à 1866.

OBSERVATIONS MÉTÉOROLOGIQUES ET GLACIAIRES A SION, AOSTE, GRÆCHEN ET THÉODULE.

Résumé. — Août 1865 à août 1866.

TEMPÉRATURE MOYENNE A L'OMBRE.

Par mois *.

MOIS.	SION. 536 mètres.	AOSTE. 600 mètres.	GRÆCHEN. 1632 mètres.	THÉODULE. 3337 mètres.
1865. Août	18°,31	18°,67	11°,58	1°,49
» Septembre	19,14	18,76	12,67	1,50
» Octobre	12,08	10,55	4,70	— 5,18
» Novembre	6,48	5,73	1,05	— 7,36
» Décembre	(3,00 ?)	3,03	0,05	— 9,62
1866. Janvier	2,53	2,14	— 0,98	— 0,83
» Février	5,11	5,16	— 0,98	—10,25
» Mars	6,71	6,19	— 1,16	—12,42
» Avril	11,84	11,78	3,04	— 6,84
» Mai	13,44	13,87	5,65	— 5,88
» Juin	20,12	19,33	12,70	0,64
» Juillet	20,19	21,28	13,38	1,49
SAISONS.				
Hiver	3,55	3,44	— 0,46	— 9,90
Printemps	10,66	10,61	2,81	— 8,38
Été	19,54	19,76	12,55	1,21
Automne	12,57	11,68	6,14	— 3,68
Année	11,58	11,37	5,26	— 5,19
Mois. Maxima	20,19	21,28	13,38	1,50
» Minima	2,53	2,14	— 1,16	—12,42
» Différences	17,66	19,14	14,54	13,92

* D. A. Les moyennes sont par lectures 7, 1, 9 heures. À Aoste, par moyennes des extrêmes, des thermomètres à index. Observation par **M. Carrel**, chanoine.

Les moyennes par extrêmes correspondent généralement par mois aux moyennes par 7, 1, 9.

Græchen est à la base du Théodule, dans le Valais (Suisse); Aoste à la base du Théodule, en Piémont (Italie).

1835 à 1866.

OBSERVATIONS MÉTÉOROLOGIQUES ET GLACIAIRES A SION, AOSTE, GRÆCHEN ET THÉODULE.

Résumé. — Août 1865 à août 1866.

HAUTEUR A LAQUELLE IL FAUT S'ÉLEVER PAR DIMINUTION DE TEMPÉRATURE D'UN DEGRÉ D'UNE STATION A L'AUTRE.

Par mois.*

MOIS.	AOSTE. à GRÆCHEN alt. diff. 1032 mètres.	AOSTE au THÉODULE alt. diff. 2733 mètres.	GRÆCHEN au THÉODULE alt. diff. 2101 mètres.	MOYENNES des TROIS ABLATIONS.
	m	m	m	m
1865. Août	146	159	208	171
» Septembre	169	158	186	171
» Octobre	176	174	165	172
» Novembre	220	160	249	201
» Décembre . . . . . « . . .	346	216	217	260
1866. Janvier	331	229	234	268
» Février	168	177	227	191
» Mars . . . . ╎	140	147	186	158
» Avril	132	147	195	158
» Mai	126	138	182	149
» Juin . «	155	152	174	160
» Juillet	131	138	163	144
SAISON.				
Hiver	282	207	226	238
Printemps	133	144	188	155
Été	144	150	182	158
Automne	188	164	200	181
Année	187	166	190	183
Mensuel. Maxima	331	229	249	268
» Minima	126	138	163	144
» Différences	205	91	86	124

MÉTÉOROLOGIE.

1865 à 1866.
Observations météorologiques et glaciaires au col du Saint-Théodule (Valais).
Station DOLLFUS-AUSSET, 3333 mètres.

Résumé par décades. — Août 1865 à août 1866.

Baromètre. Vents. Hauteur des neiges. Ablation glacière. Neige fond sur roche.

MOIS.	DÉCADES.	BAROMÈTRE à 0 par 7, 1, 9 h. (mm)	VENTS. Direction dominante.	VENTS. Force mensuelle.	HAUT. DES NEIGES Sur sol. (m)	HAUT. DES NEIGES Sur glace. (m)	NEIGE fond sur roche. Nomb. de jours.	ABLATION glacière. (m)
1865. Août	1	509,69	O		0,0	0,0	4	0,225
	2	511,04	E		0,0	0,0	5	0,125
	3	511,81	O	1°,23	0,0	0,0	8	0,400
» Septembre	1	516,85	E		0,0	0,0	5	0,230
	2	516,99	E		0,0	0,0	10	0,520
	3	514,48	E	0,88	0,0	0,0	6	0,245
» Octobre	1	507,12	E		0,0	0,0	1	
	2	502,48	SÓ		?	?	0	
	3	503,88	SO	1,25	?	?	0	
» Novembre	1	502,20	SE		0,50	0,60	0	
	2	510,33	E		0,50	0,60	6	
	3	505,13	SO	1,45	1,00	1,00	0	
» Décembre	1	506,86	SO		0,50	1,20	0	
	2	507,20	E		0,30	1,00	1	
	3	511,61	SO	1,36	0,50	1,60	6	
1866. Janvier	1	503,34	Calme		0,60	1,60	3	
	2	506,23	NE		0,30	1,10	2	
	3	510,35	SO	1,30	1,00	1,20	5	
» Février	1	506,57	SO		0,70	1,60	3	
	2	500,92	SO		0,70	1,60	0	
	3	499,81	SO	1,54	0,50	1,00	2	
» Mars	1	493,56	SO		1,00	1,80	0	
	2	495,17	SO		0,70	2,30	2	
	3	502,28	E	1,65	?	?	1	
» Avril	1	501,47	SO		1,00	2,40	0	
	2	508,47	SO		1,60	2,50	3	
	3	506,51	E	1,30	1,20	1,80	3	
» Mai	1	506,22	SO		0,80	2,40	1	
	2	505,38	NE		?	?	0	
	3	505,27	SO	1,30	0,60	2,40	0	
» Juin	1	511,67	SO		0,70	2,10	6	
	2	510,36	SO		1,20	1,50	5	
	3	513,33	SO	0,74	P	P	10	
» Juillet	1	510,49	O		0,60	1,00	8	
	2	515,36	Calme		0,00	0,83	9	
	3	509,37	E	1,34	0,00	0,0	8	
Année	Moyennes.	507,30	Variable.	1,27	0,50	1,08	3	
Maxima	—	516,99	SO	1,65	1,60	2,50	10	
Minima	—	495,17	O	0,74	0,0	0,0	0	
Différence.	—	21,82	—	0,91	1,60	2,50	10	
7 heures	—	506,96	...	—	—	—	...	
1 »	—	507,30	—	—	—	—	—	
9 »	—	509,09	—	—	—	—	...	

Ablation glacière. — Surfaces du glacier : couvert de neiges du 1er octobre au 31 juillet ; découvert du 1er août au 30 septembre, sauf des chutes de neiges partielles. Découvert en tout 50 jours. Total . . . . 1m,745 ; 50 jours. Par jour . . . 0m,035.

1865 à 1866.

Observations météorologiques et glaciaires au col du Saint-Théodule (Valais).

Station DOLLFUS-AUSSET, 3333 mètres.

Résumé par mois. — Août 1865 à août 1866.

Baromètre. Vents. Hauteur des neiges. Ablation glacière. Neige fond sur roche.

MOIS.	BAROMÈTRE a 0 7,1,9h	VENTS. Direction.	Force.	HAUT. DES NEIGES Sur sol.	Sur glace.	NEIGE fond sur roche. Nomb. de jours.	ABLATION glacière.
	mm			m	m		m
1865. Août	511,07	O	1°,23	0,0	0,0	17	0,750
» Septembre	516,14	E	0,88	0,0	0,0	21	0,995
» Octobre	504,30	SO	1,25	?	?	1	
» Novembre	505,89	Variable.	1,45	1,00	1,00	6	
» Décembre	508,65	SO	1,86	0,50	1,60	10	Glacier découvert pendant 50 jours.
1866. Janvier	506,70	Variable.	1,30	1,00	1,20	10	
» Février	502,66	SO	1,54	0,50	1,00	2	
» Mars	497,82	SO	1,65	1,00	2,40	3	
» Avril	505,48	SO	1,30	1,20	1,80	6	
» Mai	505,61	Variable.	1,30	0,60	2,40	1	
» Juin	511,46	Id.	0,74	1,20	1,50	21	
» Juillet	511,60	Id.	1,34	0,0	0,0	25	
Moyennes	507,30	—	1,27	0,58	1,08	10	Total, 1,745 50 jours. Par jour: 0m,035.
Maxima	516,14	SO	1,65	1,20	2,40	25	
Minima	497,82	E	0,74	0,0	0,0	1	
Différence	18,32	—	0,91	1,20	2,40	24	

PAR SAISONS.

MOIS.	BAROMÈTRE	Direction.	Force.	Sur sol.	Sur glace.	NEIGE fond	ABLATION
Hiver	506,11	SO	1,39	0,67	1,27	22	0,0
Printemps	502,96	SO	1,42	0,93	2,20	10	0,0
Été	511,37	Variable.	1,11	0,60	0,5	63	0,750
Automne	508,73	Id.	1,19	0,30	0,30	28	0,995
Année	507,30	Variable.	1,27	0,58	1,08	31	0,438
Maxima	511,37	—	1,42	0,93	2,20	63	0,995
Minima	502,96	—	1,11	0,30	0,30	10	0,0
Différence	8,41	—	0,31	0,63	1,90	53	0,995

Baromètre. Les plus grandes hauteurs : septembre, août, juillet, juin; les plus faibles : mars, février, octobre; correspondant à la moyenne de l'année: décembre, juin.

Vent. La plus grandes force : mars; la plus faible: juin; correspondant à la moyenne: août, octobre, janvier, avril, mai.

Neiges sur sol et glacier. Par suite de vents violents, les neiges fraîches et même une partie des anciennes sont enlevées ou accumulées par le vent.

Neige fond sur roche partiellement, dans certaines journées surtout, par suite de rayons solaires, dans tous les mois de l'année, non-seulement à la station, mais dans les hauteurs extrêmes.

Neiges sur sol et glacier. Sur sol et glacier, la neige qui les couvrait était complétement fondue fin-juillet, et ils ont été dévouverts sans neige août et septembre, sauf quelques faibles chutes qui les ont couverts plusieurs jours. En août et septembre, l'ablation du glacier, découvert à 3333 mètres altitude, a été très-forte, et équivaut à des ablations du glacier inférieur de l'Aar, qui est 1000 mètres moins élevé.

NB. **Glacier de Gœrner,** *en amont de Zermatt. — Ablation à la pente terminale en septembre.*

2 au 12, diminué en longueur	0m,57
12 au 19 » »	0m,15
19 au 25 » »	0m,15
Total, en 23 jours	1m,52

MÉTÉOROLOGIE.

1865 à 1866.

Observations météorologiques et glaciaires au col du Saint-Théodule (Valais).

Station DOLLFUS-AUSSET, 3333 mètres.

Résumé. — Août 1865 à août 1866.

Température de l'air à l'ombre et au soleil. — Température du sol au soleil.

MOIS.	JOURS.	HEURES.	TEMPÉRATURE DE L'AIR. THERMOMÈTRE tourné en fronde. Ombre.	Soleil.	Différences.	THERMOMÈTRE au soleil, horizontal, fixe.	Différences.	SOL. Soleil.	SOLEIL. Craie blanche.	Craie noire.	Différences.
Août	5	3	2°,6	3°,5	0°,9	?		15°,8	14°,1	21°,8	7°,7
	6	Midi.	3,7	6,2	2,5	»		21,1	14,0	18,5	4,5
	8	1	1,8	7,5	5,7	»		20,0	20,8	27,5	6,7
	9	Midi.	4,3	9,5	5,2	»		17,0	12,0	16,7	4,7
Septembre	11	1	6,6	10,7	4,1	»		22,8	24,0	30,8	6,8
	12	10	4,2	7,5	3,2	»		11,8	14,0	20,0	6,0
	14	1	7,2	13,8	6,6	»		Sol couvert de neige.	21,0	38,5	7,5
	15	1	7,8	11,0	3,2	»			19,5	24,4	3,9
	16	Midi.	9,0	14,5	6,0	»			26,0	30,0	4,6
	17	2	7,8	11,5	3,7	»			22,2	27,0	4,7
	18	2	5,4	10,9	5,5	»			28,5	34,6	6,1
	19	10	6,6	10,0	3,4	»			24,0	30,5	6,5
	20	Midi.	5,8	10,9	5,1	»			25,9	30,9	5,0
	21	Midi.	6,0	7,8	1,8	»			15,3	19,8	4,5
	22	Midi.	6,0	12,8	6,8	»			16,2	23,0	6,8
	24	10	4,5	8,5	4,0	»			26,0	31,0	7,0
	25	2	3,4	8,9	5,5	»			23,5	29,5	6,0
	26	Midi.	3,0	8,0	5,0	»			18,0	24,5	6,5
	28	Midi.	2,0	7,2	5,2	»			19,1	24,5	4,4
Octobre	7	4	0,0	3,0	3,0	?		Id.	?	?	
Novembre	13	1	− 6,6	− 3,0	3,6	3,0	9,6	Idem.	?	?	
	15	2	− 7,4	− 3,0	4,4	5,0	12,4		»	»	
	19	Midi.	− 5,2	− 2,2	3,0	7,0	12,2		»	»	
	20	Midi.	− 1,0	1,0	2,0	13,0	14,0		»	»	
Décembre	8	Midi.	− 8,0	− 5,8	2,8	12,5	20,3	Neige sur sol.	»	»	
	9	Midi.	− 8,0	− 5,0	3,0	10,0	18,0		»	»	
	10	2	− 5,0	− 1,5	4,5	3,5	8,5		»	»	
	11	10	− 7,8	− 6,0	1,8	4,0	11,8		»	»	
	12	Midi.	−12,2	−11,0	1,2	− 5,0	7,2		»	»	
	13	2	−18,0	−15,0	3,0	− 2,0	16,0		»	»	
	14	Midi.	−12,2	−11,0	1,2	0,5	12,7		»	»	
	»	1	−11,8	− 9,2	2,6	4,5	16,3		»	»	
	»	2	−12,2	− 9,0	3,2	3,1	15,3		»	»	
	17	Midi.	−10,2	− 8,0	2,2	0,5	9,7		»	»	
	»	1	− 8,2	− 6,2	2,0	0,5	8,7		»	»	
	18	10	− 6,0	− 5,0	1,0	5,9	11,9		»	»	

D. A. ? Observations manquent.

Air au soleil et à l'ombre. Thermomètre tourné en fronde.

Thermomètre placé horizontalement et fixe en plein soleil. Différence avec ombre.

Sol au soleil à 30 millimètres de profondeur lorsqu'il n'est pas couvert de neige.

Craie blanche et craie noire, en poudre, exposées en plein soleil dans des boîtes. Températ. à 30 millim. de profondeur.

NB. Le sol à l'ombre permanente, à découvert, n'est jamais au-dessus de zéro dans toutes les saisons. Dans certaines journées, il est à zéro, dégèle à quelques millimètres de profondeur; dans d'autres journées froides, la température est basse. — Les rayons solaires sont très-ardents en hautes régions, surtout par calme.

1865 à 1866.

Observations météorologiques et glaciaires au col du Saint-Théodule (Valais).

Station DOLLFUS-AUSSET, 3333 mètres.

Résumé. — Août 1865 à août 1866.

Température de l'air à l'ombre et au soleil. — Température du sol au soleil.

MOIS.	JOURS.	HEURES.	TEMPÉRATURE DE L'AIR THERMOMÈTRE tourné en fronde. Ombre.	Soleil.	Différences.	THERMOMÈTRE au soleil, horizontal, fixe.	Différences.	SOL. Soleil.	SOLEIL. Craie blanche.	Craie noire.	Différence.
Décembre	18	11	− 6,0	− 3,0	3,0	13,0	19,0	Sol couvert de neige.	?	?	
	»	Midi.	− 6,0	− 4,0	2,0	11,0	17,0		»	»	
	»	1	− 7,0	− 5,8	1,2	10,5	17,5		»	»	
	19	10	− 8°,8	− 5°,5	3°,3	5°,5	14°,3		»	»	
	»	11	− 8,6	− 5,5	3,1	1,4	10,0		»	»	
	»	12	− 8,4	− 7,0	1,4	5,0	13,4		»	»	
	»	1	− 8,0	− 5,0	3,0	7,4	15,4		»	»	
	»	2	− 8,0	− 4,5	3,5	5,0	13,0		»	»	
	20	10	− 8,2	− 6,2	2,0	2,0	10,2		»	»	
	»	Midi.	− 8,2	− 5,5	2,7	2,0	10,2		»	»	
	»	1	− 9,2	− 6,5	2,7	1,4	10,6		»	»	
	»	2	−10,6	− 7,5	3,1	0,9	11,5		»	»	
	21	10	− 6,8	− 6,0	0,8	5,8	12,6		»	»	
	»	Midi.	− 6,6	− 5,0	1,6	16,2	22,8		»	»	
	»	1	− 6,0	− 3,8	2,2	12,8	18,8		»	»	
	»	2	− 5,8	− 2,5	3,3	12,8	18,6		»	»	
	22	10	− 4,6	− 3,0	1,6	2,2	5,2		»	»	
	»	Midi.	− 4,0	− 2,0	2,0	5,4	9,4		»	»	
	»	1	− 3,8	− 1,0	2,8	7,4	11,2		»	»	
	»	2	− 4,8	− 3,0	1,8	5,0	9,8		»	»	
	24	10	− 2,6	− 2,2	0,4	6,0	8,6		»	»	
	»	Midi.	− 5,2	− 3,0	2,2	8,2	13,4		»	»	
	»	1	− 4,0	− 3,0	1,0	7,9	11,9		»	»	
	»	2	− 5,0	− 3,0	2,0	6,2	11,2		»	»	
	26	10	− 8,0	− 6,0	2,0	4,8	12,8		»	»	
	»	Midi.	− 6,0	− 4,5	1,5	9,2	15,2		»	»	
	»	1	− 5,4	− 3,0	2,4	15,5	20,9		»	»	
	»	2	− 6,2	− 5,5	0,7	6,0	12,2		»	»	
	27	10	− 7,3	− 5,0	2,3	0,0	7,3		»	»	
	»	Midi.	− 6,8	− 4,0	2,8	2,0	8,8		»	»	
	»	1	− 6,2	− 4,0	2,2	5,0	11,2		»	»	
	»	2	− 6,2	− 4,0	2,2	4,8	11,0		»	»	
	28	Midi.	− 8,2	− 7,0	1,2	0,0	8,2		»	»	
	»	1	− 7,4	− 6,8	0,6	− 0,5	6,9		»	»	
	1	2	− 7,8	− 6,4	1,4	− 1,0	6,8		»	»	
Mars	12	1	− 6,0	− 3,4	2,6	11,9	17,9	sol couvert de neige.	»	»	
	»	2	− 7,0	− 4,0	3,0	11,5	18,5		»	»	
	»	4	− 7,2	− 4,0	3,2	5,0	12,2		»	»	
	15	10	−12,2	−10,4	1,8	− 5,9	6,3		»	»	
	»	Midi.	−10,0	− 8,0	2,0	2,0	12,0		»	»	
	»	1	− 8,8	− 7,5	1,3	5,0	13,8		»	»	
	»	2	− 9,0	− 8,4	0,6	5,0	14,0		»	»	
	»	4	−11,4	− 9,8	1,6	− 5,0	6,4		»	»	
	23	1	− 8,4	− 6,0	2,4	4,0	12,4		»	»	
	»	2	− 8,2	− 6,0	2,2	1,0	9,2		»	»	
	»	4	− 9,8	− 7,8	2,0	− 2,8	7,0		»	»	

1865 à 1866.

Observations météorologiques et glaciaires au col du Saint-Théodule (Valais).

Station DOLLFUS-AUSSET, 3333 mètres.

Résumé. — Août 1865 à août 1866.

Température de l'air à l'ombre et au soleil. — Température du sol au soleil.

MOIS.	JOURS.	HEURES.	THERMOMÈTRE tourné en fronde. Ombre.	Soleil.	Différences.	THERMOMÈTRE au soleil, horizontal, fixe.	Différences.	SOL. Soleil.	SOLEIL. Craie blanche.	Craie noire.	Différences.
	3	8	-14°,2	-10°,5	3°,7	-12°,0	2,°2		?	?	
	»	10	-12,0	- 9,6	2,4	- 6,6	5,6		»	»	
	10	8	-10,6	- 9,6	1,0	- 5,8	4,8		»	»	
	»	Midi.	- 5,0	- 4,0	1,0	2,0	7,0		»	»	
	10	1	- 8,0	- 4,8	3,2	3,5	11,5		»	»	
	»	2	- 7,6	- 6,0	1,6	- 2,8	4,8		»	»	
	»	4	- 8,6	- 8,0	0,6	- 4,0	4,6		»	»	
	11	10	- 5,2	- 3,0	2,2	- 2,0	3,2		»	»	
	»	Midi.	- 4,6	- 3,0	1,6	- 1,0	3,6		»	»	
	»	1	- 5,0	- 4,0	1,0	- 2,0	3,0		»	»	
	13	8	- 3,0	- 2,6	1,4	0,8	3,8		»	»	
	»	10	- 1,0	1,8	2,8	6,0	7,0		»	»	
	»	Midi.	0,0	3,0	3,0	11,5	11,5		»	»	
	»	1	0,0	5,2	5,2	13,0	13,5		»	»	
	»	2	2,6	6,6	4,0	20,0	17,4		22,8	39,0	16,2
	»	3	0,0	6,0	6,6	13,2	13,2		22,8	31,0	8,2
	»	4	- 2,4	2,0	4,4	6,5	8,9		24,0	20,0	4,0
	17	10	1,0	5,0	4,0	?		Sol couvert de neige.	?	?	
	»	Midi.	2,6	2,8	0,4	»			»	»	
	»	1	- 0,8	1,6	2,4	»			»	»	
	»	2	- 2,0	0,0	2,0	»			»	»	
	»	3	- 2,1	0,6	2,7	»			»	»	
	»	4	- 2,2	0,0	2,2	»			»	»	
Avril.	»	5	- 3,1	- 2,0	1,1	»			»	»	
	24	7	-10,0	- 9,8	0,2	»			»	»	
	»	8	- 8,4	- 8,2	0,2	»			»	»	
	»	9	- 7,8	- 6,6	1,2	»			»	»	
	»	10	- 7,2	- 5,0	2,2	»			»	»	
	»	11	- 6,1	- 4,0	2,1	»			»	»	
	»	Midi.	- 5,0	- 2,8	2,2	»			»	»	
	»	1	- 6,6	- 2,0	4,6	»			»	»	
	»	2	- 5,6	- 4,4	1,2	»			»	»	
	»	3	- 6,0	- 4,0	2,0	»			»	»	
	25	8	- 5,0	- 2,4	2,6	»			»	»	
	»	10	- 4,2	- 1,4	2,8	»			»	»	
	»	Midi.	- 2,4	- 1,0	1,4	»			»	»	
	»	1	- 4,8	- 0,2	4,6	»			»	»	
	26	7	- 6,4	- 4,0	2,4	»			»	»	
	»	8	- 3,2	- 2,8	0,4	»			»	»	
	»	9	- 3,6	- 1,4	2,2	»			»	»	
	»	10	- 4,2	- 1,0	3,2	»			»	»	
	»	11	- 3,6	0,0	3,6	»			»	»	
	»	Midi.	- 3,2	1,0	4,2	»			»	»	
	»	1	- 3,6	- 0,8	2,8	»			»	»	
	»	2	- 3,4	- 3,0	0,4	»			»	»	
	»	3	- 3,6	- 2,0	1,6	»			»	»	
	»	4	- 3,8	0,0	3,8	»			»	»	

1865 à 1866.

Observations météorologiques et glaciaires au col du Saint-Théodule (Valais).

Station DOLLFUS-AUSSET, 3333 mètres.

Résumé. — Août 1865 à août 1866.

Température de l'air à l'ombre et au soleil. — Température du sol au soleil.

MOIS.	JOURS.	HEURES.	TEMPÉRATURE DE L'AIR. THERMOMÈTRE tourné en fronde. Ombre.	Soleil.	Différences.	THERMOMÈTRE au soleil, horizontal, fixe.	Différences.	SOL. Soleil.	SOLEIL. Craie blanche.	Craie noire.	Différences.
Avril	26	5	− 4°,6	− 0°,2	4°,4	?		Sol couvert de neige.	?	?	
	27	7	− 3,0	− 2,2	3,8	»			»	»	
	»	8	− 3,2	− 1,6	1,6	»			»	»	
	»	9	− 2,1	− 0,6	1,5	»			»	»	
	»	10	− 1,0	3,0	4,0	»			»	»	
	»	11	0,8	5,0	4,2	»			»	»	
	»	Midi.	0,6	5,0	4,4	»			»	»	
	»	1	1,0	3,6	2,6	»			»	»	
	»	2	1,0	2,8	1,8	»			»	»	
Mai	8	6	− 3,0	− 2,8	0,2	?		Sol couvert de neige.	?	?	
	»	7	− 3,2	− 1,8	1,4	»			»	»	
	»	8	− 3,8	0,0	3,8	»			»	»	
	9	6	− 5,0	− 3,0	2,0	»			»	»	
	»	8	− 1,6	0,0	1,0	»			»	»	
	»	10	− 0,4	2,4	2,8	»			»	»	
	»	Midi.	0,2	1,8	1,6	»			»	»	
	»	1	0,8	3,0	2,2	»			»	»	
	»	2	0,6	3,0	2,4	»			»	»	
	11	8	− 3,0	− 2,0	1,0	»			»	»	
	»	10	− 2,4	3,0	0,6	»			»	»	
	»	Midi.	− 4,0	0,4	4,4	»			»	»	
	»	1	− 2,6	0,8	3,4	»			»	»	
	»	2	− 2,2	− 1,0	1,2	»			»	»	
	»	4	− 2,0	− 1,6	0,4	»			»	»	
Juin	3	7	− 2,0	1,0	3,0	?		Sol couvert de neige.	?	?	
	»	8	− 2,6	− 0,8	1,8	»			»	»	
	»	10	0,0	2,4	2,4	»			»	»	
	6	10	− 0,8	2,2	3,0	»			»	»	
	»	Midi.	− 1,0	2,0	3,0	»			»	»	
	»	1	− 1,2	1,0	2,0	»			»	»	
	»	2	− 1,0	1,5	2,5	»			»	»	
	»	4	− 1,2	1,0	2,2	»			»	»	
	7	8	− 2,4	3,2	5,6	»			»	»	
	»	10	1,0	4,5	3,5	7,2	8,2	12,9	18,0	26,0	8,0
	»	Midi.	0,0	5,0	5,0	12,2	12,2	13,3	25,0	34,6	9,6
	»	1	0,0	4,3	4,3	13,0	13,0	13,8	25,6	36,4	10,8
	»	2	0,0	2,0	2,0	11,8	11,8	14,0	22,6	32,2	9,4
	»	4	0,0	2,0	2,0	?		9,8	18,3	23,2	4,9
	8	8	− 2,6	0,0	2,6	»		?	?	?	
	»	10	− 1,0	2,0	3,0	»			»	»	
	»	Midi.	2,0	4,0	2,0	»			»	»	
	»	2	1,8	5,0	3,2	»			»	»	
	»	4	0,9	3,0	2,1	»			»	»	
	9	8	− 2,0	1,0	3,0	»			»	»	
	»	10	2,0	5,6	3,6	»		13,0	17,0	30,0	

 MÉTÉOROLOGIE.

1865 à 1866.

Observations météorologiques et glaciaires au col du Saint-Théodule (Valais).

Station DOLLFUS-AUSSET, 3333 mètres.

Résumé. — Août 1865 à août 1866.

Température de l'air à l'ombre et au soleil. — Température du sol au soleil.

MOIS	JOURS	HEURES	TEMPÉRATURE DE L'AIR THERMOMÈTRE tourné en fronde		Différences	THERMOMÈTRE au soleil horizontal, fixe.	Différences	SOL. Soleil.	SOLEIL.		Différences
			Ombre.	Soleil.					Craie blanche.	Craie noire.	
Juin	9	Midi.	3°,8	7°,8	4°,0	?		23°,5	33°,0	45°,0	
	»	1	6,6	5,0	1,6	»		?	?	?	
	10	10	3,6	5,0	1,4	»		13,4	»	»	
	»	Midi.	4,0	6,8	2,8	»		13,5	»	»	
	»	1	3,2	5,0	1,8	»		16,0	»	»	
	»	4	4,6	6,0	1,4	»		28,5	»	»	
	11	8	3,4	4,0	0,6	»		6,0	»	»	
	»	10	5,0	7,0	2,0	»		15,0	»	»	
	»	12	6,8	9,0	2,2	»		15,2	»	»	
	»	1	6,2	8,0	1,8	»		22,2	»	»	
	»	2	5,6	8,0	2,4	»		18,0	»	»	
	»	4	6,2	8,6	2,4	»		17,0	»	»	
	12	8	0,0	5,6	5,6	»		5,0	»	»	
	»	10	3,0	7,6	4,0	»		20,5	»	»	
	18	10	− 3,0	0,0	3,0	»		12,0	»	»	
	»	Midi.	− 2,2	2,5	4,7	»		15,5	»	»	
	»	1	− 3,0	0,5	3,5	»		12,0	»	»	
	»	2	− 2,2	3,5	5,7	»		?	»	»	
	»	4	− 0,5	4,5	5,0	»		10,5	»	»	
	19	10	− 1,8	3,0	1,2	»		?	»	»	
	»	Midi.	0,0	4,2	4,2	»		»	»	»	
	»	1	2,2	6,5	4,3	»		»	»	»	
	20	Midi.	4,0	8,0	4,0	»		21,0	»	»	
	»	1	5,0	9,0	4,0	»		21,0	»	»	
	22	8	3,5	7,0	3,5	»		16,0	»	»	
	»	10	2,0	4,5	2,5	»		23,0	»	»	
	24	8	2,2	4,3	2,1	»		6,4	»	»	
	»	10	6,0	8,0	2,0	»		18,0	»	»	
	»	Midi.	8,4	11,0	2,6	»		21,0	»	»	
	»	1	9,6	11,8	2,4	»		22,0	»	»	
	»	2	7,8	10,5	2,7	»		21,0	»	»	
Juillet	2	8	− 1,0	2,0	3,0	?		?	?	?	
	»	10	1,0	6,0	5,0	»		»	»	»	
	»	Midi.	3,8	7,0	4,2	»		»	»	»	
	8	5	− 7,8	− 7,0	0,8	»		»	»	»	
	»	6	− 6,0	− 5,0	1,0	»		»	»	»	
	»	7	− 5,0	− 2,0	3,0	»		»	»	»	
	»	8	− 1,8	3,0	4,8	»		»	»	»	
	»	10	− 0,2	5,0	4,8	»		»	»	»	
	»	Midi.	1,0	5,0	4,8	»		»	»	»	
	»	1	1,8	6,0	4,2	»		»	»	»	
	»	2	− 1,0	4,8	5,8	»		»	»	»	
	»	4	− 2,0	3,6	5,0	»		»	»	»	
	9	5	− 3,6	− 2,6	1,0	»		»	»	»	
	»	6	− 2,8	− 0,6	2,2	»		»	»	»	
	»	7	− 1,4	0,4	1,8	»		»	»	»	

1865 à 1866.

Observations météorologiques et glaciaires au col du Saint-Théodule (Valais).

Station DOLLFUS-AUSSET, 3333 mètres.

Résumé. — Août 1865 à août 1866.

Température de l'air à l'ombre et au soleil. — Température du sol au soleil.

MOIS.	JOURS.	HEURES.	TEMPÉRATURE DE L'AIR. THERMOMÈTRE tourné en fronde. Ombre.	Soleil.	Différences.	THERMOMÈTRE au soleil horizontal, fixe.	Différences.	SOL. Soleil.	SOLEIL. Craie blanche.	Craie noire.	Différences.
	9	8	0°,0	2°,0	2°,0	?		?	?	?	
	»	10	1,4	3,6	2,2	»		»	»	»	
	»	Midi.	3,6	6,8	3,2	»		»	»	»	
	»	1	5,0	7,8	2,8	»		»	»	»	
	»	2	5,0	7,0	2,0	»		»	»	»	
	»	4	2,0	5,0	3,0	»		»	»	»	
	10	5	0,0	2,0	2,0	»		»	»	»	
	10	6	1,0	2,1	1,1	»		»	»	»	
	»	7	1,2	3,0	1,8	»		»	»	»	
	»	8	2,3	4,0	1,7	»		»	»	»	
	»	10	4,0	6,0	2,0	»		»	»	»	
	»	12	4,0	6,8	2,8	»		»	»	»	
	»	1	4,0	10,2	6,2	»		»	»	»	
	»	2	4,4	7,0	3,4	»		»	»	»	
	»	4	5,0	8,6	3,6	»		»	»	»	
	11	4	0,0	0,2	0,2	»		»	»	»	
	»	5	0,6	3,0	2,4	»		»	»	»	
	»	6	1,0	5,0	4,0	»		»	»	»	
	»	7	2,4	6,6	4,2	»		»	»	»	
	»	8	4,4	8,0	3,6	»		»	»	»	
	»	10	7,4	10,0	2,6	»		»	»	»	
	»	Midi.	7,4	10,8	3,4	»		»	»	»	
Juillet	»	1	8,0	13,4	5,4	»		»	»	»	
	»	2	9,2	13,0	4,2	»		»	»	»	
	»	4	8,0	10,8	2,8	»		»	»	»	
	»	6	5,4	7,6	2,2	»		»	»	»	
	12	5	2,4	4,0	1,6	»		»	»	»	
	»	6	2,4	5,0	2,6	»		»	»	»	
	»	7	4,4	7,0	2,6	»		»	»	»	
	»	8	5,2	8,0	2,8	»		»	»	»	
	»	10	9,4	11,8	2,4	»		»	»	»	
	»	Midi.	10,4	12,6	2,2	»		»	»	»	
	»	1	11,0	13,0	2,0	»		»	»	»	
	»	2	10,8	13,4	2,6	»		»	»	»	
	»	4	9,0	12,2	3,2	»		»	»	»	
	13	5	2,0	3,4	1,4	»		»	»	»	
	»	6	2,4	5,5	3,1	»		»	»	»	
	»	7	3,6	7,0	3,4	»		»	»	»	
	»	8	5,5	8,0	2,5	»		»	»	»	
	»	10	9,2	11,2	2,0	»		»	»	»	
	»	Midi.	11,0	14,0	3,0	»		»	»	»	
	»	1	11,6	14,0	2,4	»		»	»	»	
	»	2	11,6	14,0	2,4	»		»	»	»	
	»	4	9,8	12,0	2,2	»		»	»	»	
	14	5	2,5	5,0	2,5	»		»	»	»	
	»	6	3,0	5,4	2,4	»		»	»	»	
	»	8	3,6	7,8	4,2	»		»	»	»	

1865 à 1866.

Observations météorologiques et glaciaires au col du Saint-Théodule (Valais).

Station DOLLFUS-AUSSET, 3333 mètres.

Résumé. — Août 1865 à août 1866.

Température de l'air à l'ombre et au soleil. — Température du sol au soleil.

MOIS.	JOURS.	HEURES.	TEMPÉRATURE DE L'AIR. THERMOMÈTRE tourné en fronde. Ombre.	Soleil.	Différences.	THERMOMÈTRE au soleil, horizontal, fixe.	Différences.	SOL. Soleil.	SOLEIL. Craie blanche.	Craie noire.	Différences.
Juillet	14	10	5°,0	10°,5	5°,5	?		?	?	?	
	»	Midi.	9,0	12,6	3,0	»		»	»	»	
	»	1	9,8	13,0	3,2	»		»	»	»	
	»	2	10,8	12,0	1,2	»		»	»	»	
	»	4	9,8	11,4	1,6	»		»	»	»	
	15	5	3,0	5,0	2,0	»		»	»	»	
	»	6	4,0	6,8	2,8	»		»	»	»	
	15	7	4,2	7,0	2,8	»		»	»	»	
	»	8	5,0	11,0	6,0	»		»	»	»	
	»	10	7,8	13,2	5,4	»		»	»	»	
	»	Midi.	11,0	13,4	2,4	»		»	»	»	
	16	5	2,0	5,5	3,5	»		»	»	»	
	»	6	2,6	5,0	2,4	»		»	»	»	
	»	7	3,0	6,0	3,0	»		»	»	»	
	»	8	4,0	10,4	6,4	»		»	»	»	
	»	10	6,6	13,0	6,4	»		»	»	»	
	17	5	1,3	3,4	2,1	»		»	»	»	
	»	6	1,2	4,2	3,0	»		»	»	»	
	»	7	1,4	5,2	3,8	»		»	»	»	
	»	8	2,0	5,0	3,0	»		»	»	»	
	18	6	2,8	5,0	2,2	»		»	»	»	
	»	7	2,4	7,2	4,8	»		»	»	»	
	»	8	2,4	5,8	3,4	»		»	»	»	
	»	10	4,8	7,8	3,0	»		»	»	»	
	21	6	− 3,6	− 2,0	1,6	»		»	»	»	
	»	7	− 3,0	− 1,0	2,0	»		»	»	»	
	»	8	− 1,5	1,0	2,5	»		»	»	»	
	»	10	0,4	2,8	2,4	»		»	»	»	
	»	Midi.	2,0	5,0	3,0	»		»	»	»	
	»	1	3,2	7,0	3,8	»		»	»	»	
	»	2	2,2	4,4	2,2	»		»	»	»	
	»	4	0,8	5,4	4,6	»		»	»	»	
	22	5	− 3,2	− 2,0	1,2	»		»	»	»	
	»	6	− 1,2	1,0	2,2	»		»	»	»	
	»	8	0,4	1,8	1,4	»		»	»	»	
	»	10	4,0	6,4	2,4	»		»	»	»	
	»	Midi.	6,0	10,0	4,0	»		»	»	»	
	»	1	5,0	9,0	4,0	»		»	»	»	
	»	2	5,2	6,6	1,4	»		»	»	»	
	»	4	5,0	6,6	1,6	»		»	»	»	

1865 à 1866.

Observations météorologiques et glaciaires au col du Saint-Théodule (Valais).

Station DOLLFUS-AUSSET, 3333 mètres.

Température de l'air. — Ablation de la surface de glace sur glacier.

AOUT 1865.

JOURS.	TEMPÉRATURE DE L'AIR à l'ombre permanente, de 10 h. matin à 4 h. soir.			DIURNE.		SUR GLACIER. DIURNE.	
	Moyennes.	Maxima.	Minima.	Minima extr.	Moyennes.	Neige.	Ablation.
	°	°	°	°	°		mm
1	2,3	3,0	1,4	− 2,1	0,67	Neige	0,0
2	0,9	1,0	0,7	− 4,4	− 0,60	»	0,0
3	0,6	2,5	− 0,6	− 6,5	− 2,35	»	0,0
4	− 2,9	− 1,3	− 5,4	−10,0	− 5,25	»	0,0
5	0,7	2,8	− 5,2	− 8,6	− 4,18	Découvert	0,0
6	4,1	5,8	2,5	− 4,0	0,60	»	80
7	− 1,9	− 0,7	− 2,5	− 6,2	− 3,39	»	33
8	2,0	3,7	0,2	− 4,1	− 1,29	»	42
9	4,0	5,3	1,0	− 2,7	1,24	»	45
10	2,0	2,5	1,4	− 1,0	1,05	»	25
11	2,3	3,0	2,0	− 0,3	1,64	Neige	0,0
12	5,5	6,0	4,6	1,0	3,86	»	0,0
13	5,1	6,2	4,6	0,0	2,80	»	0,0
14	0,2	1,6	0,0	− 2,7	− 0,08	»	0,0
15	3,1	4,9	0,5	− 3,5	− 0,44	»	0,0
16	5,3	8,1	3,6	− 2,5	1,15	»	0,0
17	7,5	8,6	6,0	− 2,0	2,17	»	0,0
18	3,1	4,6	1,5	− 3,0	0,40	»	0,0
19	1,2	2,9	− 1,6	− 1,8	− 0,08	»	0,0
20	4,2	6,5	3,4	− 2,0	1,28	»	0,0
21	4,1	6,4	2,5	− 1,6	1,35	Neige	0,0
22	2,2	3,0	0,6	− 0,5	1,02	»	0,0
23	3,6	4,4	3,2	0,0	2,30	»	0,0
24	3,5	4,6	2,2	0,0	1,88	Découvert	30
25	2,2	3,2	1,4	0,0	1,96	»	30
26	4,8	5,8	2,8	1,4	3,65	»	30
27	10,7	11,5	9,0	4,2	7,71	»	80
28	13,2	15,1	11,6	6,0	9,60	»	82
29	7,2	9,0	5,4	− 1,2	5,90	»	45
30	0,4	1,1	− 0,9	− 2,0	0,65	Neige	0,0
31	1,4	2,8	− 0,3	− 2,0	0,20	»	0,0
Total . .	100	144	58	− 62	35,12		522
Moyennes .	3,22	4,08	1,9	− 2,0	1,13		17
Maxima. .	13,2	15,1	11,6	6,0	9,60		82
Minima . .	− 2,9	− 1,3	− 5,4	−10,0	− 5,25		0
Différ. . .	16,1	16,4	17,0	16,0	14,85		82

Toutes choses égales d'ailleurs, l'ablation du glacier a été aussi forte qu'elle est au glacier inférieur de l'Ar 2300 mètres alt., 1000 mètres moins élevé que Théodule.

La température du sol à l'ombre permanente est généralement à 0° gelé, et par les journées chaudes à 0° degelé à la surface.

NB. En 1864, 13 et 14 août, le guide **Branchen** a atteint le pic du *Monte-Rosa* à midi. Ciel complétement découvert, calme, rayons solaires ardents. Glacier au point culminant couvert de neige molle, dégelée. Quand il descendit, les pas tracés dans la neige se remplissaient d'eau de fonte de neige.

Desor (**E.**) cite le même fait au point culminant du *Schreckhorn*.

Le glacier était couvert de neige pendant vingt jours ; ablation pendant onze jours ; au total, 522 millimètres ; ce qui fait, par jour d'ablation, 47 millimètres. (Observation du 1er au 10 par **Dollfus-Ausset**, pendant son séjour à la station.)

Cette forte ablation de cinq jours (du 6 au 10) et celles du 24 au 29 ont été favorisées par des températures et des vents exceptionnellement chauds et un soleil ardent toute la journée.

Glacier couvert de neige : 1 au 5, 11 au 20, 21 au 23, 30 et 31.

1865 à 1866.

Observations météorologiques et glaciaires au col du Saint-Théodule (Valais).

STATION DOLLFUS-AUSSET, 3333 mètres.

Hauteur des neiges sur sol et glacier. — Température des neiges de 10 à 10 centimètres.

OCTOBRE 1865.

JOURS.	NEIGES SUR SOL.		JOURS.	NEIGES SUR GLACIER.		
	Profondeur.	Témpérat.		Profondeur.	Témpérat.	
	m	°		m	°	
29	0,03		29	0,03		Le glacier était découvert du 3 au 8; mais il n'y a
»	0,10	−10,0	»	0,10	−12,4	pas eu d'ablation, par suite du ciel couvert, sans
»	0,20	− 6,8	»	0,20	− 9,9	rayons solaires.
»	0,30	− 4,9	»	0,30	− 7,5	Les premières neiges persistantes tombées le 9 oc-
»	0,40	− 4,0	»	0,40	− 6,7	tobre avaient à la station une hauteur de 0m,20; à
			»	0,50	− 5,9	l'hôtel du Riffel, 0m,12.
			»	0,60	− 5,3	Neiges fond sur roche partiellement cinq jours : les
			»	0,70	− 4,5	10, 16, 20, 21, 26.

Gens du pays et visiteurs à la station, quarante-six personnes :

Le 2, M. Rilnen, curé de Zermatt, et dix paysans de la vallée ont passé le col avec cinq génisses.

Le 5, huit personnes ont passé le col avec six vaches, allant à Zermatt.

Le 7, dix personnes, allant à Valtornenche.

Le 8, six personnes, allant à Zermatt.

Le 9, cinq personnes, idem.

Le 12, trois personnes, idem.

Le 13, trois personnes, allant à Valtornenche.

Le 18, un garçon de Randa (Valais), venant de Valtornenche.

Au commencement d'octobre, le glacier était découvert sur tout le parcours de Zermatt à Valtornenche, à l'exception de quelques taches de neiges ventées.

NB. Partout, sans exception, la surface du glacier était sale et offrait de la véritable glace de glacier. Nulle part on ne voyait de glace bulbeuse ajoutée à la surface du glacier; preuve que la neige ne se change pas en glace sur la surface des glaciers.

1865 à 1866.

Observations météorologiques et glaciaires au col du Saint-Théodule (Valais).

Station DOLLFUS-AUSSET, 3333 mètres.

Hauteur des neiges sur sol et glacier. — Température des neiges de 10 en 10 centimètres.

DÉCEMBRE 1865.

NEIGES SUR SOL.

Jours.	Prof.	Temp.	Jours.	Prof.	Temp.	Jours.	Prof.	Temp.
	m	o		m	o		m	o
7	0,03	−10,0	18	0,03	−10,5	29	0,03	−11,5
»	0,10	− 8,0	»	0,10	−12,0	»	0,10	−12,8
»	0,20	− 6,5	»	0,20	−12,0			
»	0,30	− 5,5	»	0,30	−10,5			
»	0,40	− 5,5	»					
»	0,50	− 4,0	»					

Par suite de forts vents, les neiges fraîches et souvent les neiges anciennes sont déplacées, surtout sur sol, à la station, et quelquefois accumulées ou déplacées sur glacier.

NEIGES SUR GLACIER.

Jours.	Prof.	Temp.	Jours.	Prof.	Temp.	Jours.	Prof.	Temp.
	m	o		m	o		m	o
7	0,03	−14,0	18	0,03	−16,5	29	0,03	−15,6
»	0,10	−13,5	»	0,10	−16,5	»	0,10	−15,6
»	0,20	−12,2	»	0,20	−15,7	»	0,20	−16,0
»	0,30	−10,0	»	0,30	−14,5	»	0,30	−15,5
»	0,40	− 8,5	»	0,40	−14,0	»	0,40	−14,4
»	0,50	− 7,2	»	0,50	−11,5	»	0,50	−14,0
»	0,60	− 6,5	»	0,60	−11,5	»	0,60	−13,0
»	0,70	− 6,9	»	0,70	−10,0	»	0,70	−12,0
»	0,80	− 5,2	»	0,80	− 9,0	»	0,80	−11,4
»	0,90	− 5,9	»	0,90	− 8,5	»	0,90	− 9,5
»	1,00	− 5,9	»	1,00	− 7,0	»	1,00	− 9,0
»	1,10	− 5,0	»			»	1,10	− 8,5
»	1,20	− 4,5	»			»	1,20	− 7,8
						»	1,30	− 7,5
						»	1,40	− 7,0
						»	1,50	− 6,8
						»	1,60	− 6,5

Le 7, à huit heures du matin, air. . . . . — 10°,6

   »   »   neige surface. . . . . — 16°,0 par rayonnement nocturne.

Le 18, à huit heures du matin, air . . . . — 11°,0

   »   »   neige surface . . . . 16°,0 par rayonnement nocturne.

Le 18, à midi, air . . . . — 7°,0

   »   neige surface à l'ombre . . . . — 14°,0

   »   »   au soleil . . . . — 8°,0

Le 14, à une heure, surface à l'ombre . . . . — 17°,8

   »   »   au soleil . . . . — 10°,0

Par rayonnement nocturne, la température des surfaces de neiges, le matin, est souvent 10° plus basse que celle du minimum de la nuit. Dans la journée, aux rayons solaires, la neige se fond partiellement, et la surface est à 0° et à l'ombre permanente jusqu'à — 10°.

Dans ce mois, la neige s'est fondue partiellement sur roche dans sept journées.

1865 à 1866.

Observations météorologiques et glaciaires au col du Saint-Théodule (Valais).

Station DOLLFUS-AUSSET, 3333 mètres.

Hauteur des neiges sur sol et glacier. — Température des neiges de 10 en 10 centimètres.

JANVIER 1866.

NEIGES SUR SOL.

JOURS.	Prof. (m)	Temp. (°)	JOURS.	Prof. (m)	Temp. (°)	JOURS.	Prof. (m)	Temp. (°)
4	0,03	− 9,2	15	0,03	− 8,9	29	0,03	−13,4
»	0,10	− 9,8	»	0,10	− 9,4	»	0,10	−13,0
»	0,20	−10,0	»	0,20	−11,0	»	0,20	−12,2
»	0,30	− 9,8	»	0,30	−10,0	»	0,30	−10,5
»	0,40	− 8,6				»	0,40	− 9,5
»	0,50	− 6,8				»	0,50	− 8,4
»	0,60	− 7,1				»	0,60	− 8,0
						»	0,70	− 7,5
						»	0,80	− 7,0
						»	0,90	− 6,8
						»	1,00	− 5,8

AIR A L'OMBRE.

Le 4, température moyenne diurne . . . . — 9°,5
Le 15,   »   »   . . . . 7°,5
Le 29,   »   »   . . . . — 9°,3

NEIGES SUR GLACIER.

JOURS.	Prof. (m)	Temp. (°)	JOURS.	Prof. (m)	Temp. (°)	JOURS.	Prof. (m)	Temp. (°)
4	0,03	−10,8	15	0,03	−10,8	29	0,03	−13,4
»	0,10	−11,0	»	0,10	−12,0	»	0,10	−14,0
»	0,20	−12,2	»	0,20	−12,0	»	0,20	−13,5
»	0,30	−12,2	»	0,30	−11,0	»	0,30	−13,0
»	0,40	−12,2	»	0,40	−11,0	»	0,40	−12,0
»	0,50	−12,2	»	0,50	−10,8	»	0,50	−11,4
»	0,60	−11,8	»	0,60	− 9,8	»	0,60	−11,8
»	0,70	−11,4	»	0,70	− 9,0	»	0,70	− 9,8
»	0,80	−11,0	»	0,80	− 8,5	»	0,80	− 9,0
»	0,90	−10,2	»	0,90	− 8,0	»	0,90	− 8,5
»	1,00	− 9,8	»	1,00	− 7,5	»	1,00	− 8,0
»	1,10	− 9,0	»	1,10	− 6,5	»	1,10	− 7,0
»	1,20	− 8,2				»	1,20	− 6,5
»	1,30	− 7,0						
»	1,40	− 7,0						
»	1,50	− 6,8						
»	1,60	− 6,0						

L'aspect de la neige, dans tout le parcours, est en très-petits grains, comme du sucre blanc raffiné. Elle est fortement tassée.

Pour observer la température des neiges à diverses profondeurs, on enlève la neige en faisant une tranchée de 2 mètres de longueur et 0,m50 de largeur, et on observe la température de 10 en 10 centimètres.

Dans ce mois, la neige s'est ramollie et fondue partiellement sur roche, par suite de rayons solaires ardents, dans dix journées.

	JOURNÉES DE FONTE DES NEIGES.										
	2	5	6	16	18	21	22	26	27	23	
	(°)	(°)	(°)	(°)	(°)	(°)	(°)	(°)	(°)	(°)	Midi à deux heures.
Thermom. horizontal au soleil.	7,8	15,0	12,6	18,9	11,5	6,0	12,0	15,0	11,6	5,0	
Id. tourné en fronde au soleil . .	− 9,0	− 4,0	− 4,6	− 3,0	− 3,6	− 5,0	− 3,0	− 4,5	− 2,4	− 7,0	
Différences	16,8	19,0	17,0	21,9	15,1	11,0	15,0	19,5	14,0	12,0	

Différence moyenne, 16°,2; maximum, 21°.9; minimum, 12°,0; différence, 9.9.
Cette différence se produit par calme, sans vent. Par vent, la différence est bien plus faible.
Le thermomètre horizontal au soleil est à alcool incolore parfaitement gradué sur verre.

1865 à 1866.

Observations météorologiques et glaciaires au col du Saint-Théodule (Valais).

Station DOLLFUS-AUSSET, 3333 mètres.

Hauteur des neiges sur sol et glacier. — Température des neiges de 10 en 10 centimètres.

FÉVRIER 1866.

NEIGES SUR SOL.									NEIGES SUR GLACIER.								
JOURS.	Prof.	Temp.	JOURS.	Prof.	Temp.	JOURS.	Prof.	Temp.	JOURS.	Prof.	Temp.	JOURS.	Prof.	Temp.	JOURS.	Prof.	Temp.
	m	o		m	o		m	o		m	o		m	o		m	o
9	0,03	− 7,0	20	0,03	− 5,6	26	0,03	−10,0	9	0,03	− 8,6	20	0,03	− 8,0	26	0,03	−12,6
»	0,10	− 9,0	»	0,10	− 7,6	»	0,10	−13,0	»	0,10	−10,2	»	0,10	−10,0	»	0,10	−13,1
»	0,20	−10,0	»	0,20	− 8,5	»	0,20	−13,5	»	0,20	−11,5	»	0,20	−10,5	»	0,20	−11,5
»	0,30	− 8,0	»	0,30	− 8,5	»	0,30	−13,0	»	0,30	−11,0	»	0,30	−11,5	»	0,30	−10,1
»	0,40	− 8,0	»	0,40	− 8,0	»	0,40	−11,0	»	0,40	− 9,5	»	0,40	−11,6	»	0,40	− 8,9
»	0,50	− 7,5	»	0,50	− 7,6	»	0,50	− 8,5	»	0,50	− 9,5	»	0,50	−11,6	»	0,50	− 7,5
»	0,60	− 7,0	»	0,60	− 7,0	»			»	0,60	− 8,9	»	0,60	−11,0	»	0,60	− 7,0
»	0,70	− 6,5	»	0,70	− 6,0	»			»	0,70	− 8,5	»	0,70	−11,2	»	0,70	− 6,0
									»	0,80	− 8,5	»	0,80	−10,5	»	0,80	− 5,5
									»	0,90	− 8,0	»	0,90	− 8,5	»	0,90	− 5,0
									»	1,00	− 7,8	»	1,00	− 8,0	»	1,00	− 5,6
									»	1,10	− 7,5	»	1,10	− 7,5	»		
									»	1,20	− 7,0	»	1,20	− 7,0	»		
									»	1,30	− 7,0	»	1,30	− 6,4	»		
									»	1,40	− 6,5	»	1,40	− 7,6	»		
									»	1,50	− 6,0	»	1,50	− 5,0	»		
									»	1,60	− 5,2	»	1,60	− 5,0	»		

Le 9, à huit heures du matin, air . . . . . — 7°,4
Le 20, à dix heures   »   . . . . . — 7°,6
Le 26, à dix heures   »   . . . . . — 11°,8
Neige fond sur roche partiellement dans cinq journées.

1865 à 1866.

Observations météorologiques et glaciaires au col du Saint-Théodule (Valais).

Station DOLLFUS-AUSSET, 3333 mètres.

Hauteur des neiges sur sol et glacier. — Température des neiges de 10 en 10 centimètres.

MARS 1866.

NEIGES SUR SOL.						NEIGES SUR GLACIER.					
JOURS.	Prof.	Temp.	JOURS.	Prof.	Temp.	JOURS.	Prof.	Temp.	JOURS.	Prof.	Temp.
	m	o		m	o		m	o		m	o
10	0,03	−18,0	20	0,03	− 7,5	10	0,03	−20,0	20	0,03	−11,0
»	0,10	−15,7	»	0,10	−10,8	»	0,10	−18,3	»	0,10	−10,5
»	0,20	−12,5	»	0,20	−10,5	»	0,20	−15,8	»	0,20	−10,5
»	0,30	−11,3	»	0,30	−10,1	»	0,30	−13,9	»	0,30	−10,5
»	0,40	−10,1	»	0,40	− 7,8	»	0,40	−12,7	»	0,40	−11,0
»	0,50	−10,0	»	0,50	− 7,0	»	0,50	−11,0	»	0,50	−10,5
»	0,60	−10,8				»	0,60	−10,5	»	0,60	−10,7
»	0,70	− 8,0				»	0,70	−10,0	»	0,70	−10,0
»	0,80	− 5,3				»	0,80	−10,0	»	0,80	− 7,0
»	0,90	− 7,5				»	0,90	−11,5	»	0,90	−11,0
»	1,00	− 7,0				»	1,00	−11,5	»	1,00	− 8,5
						»	1,10	−11,0	»	1,10	− 8,0
						»	1,20	− 8,5	»	1,20	− 8,0
						»	1,30	−11,0	»	1,30	− 7,0
						»	1,40	− 8,0	»	1,40	− 7,5
						»	1,50	− 7,5	»	1,50	− 7,0
						»	1,60	− 7,0	»	1,60	− 7,0
						»	1,70	− 7,0	»	1,70	− 7,0
						»	1,80	− 6,0	»	1,80	− 6,5
									»	1,90	− 6,0
									»	2,00	− 5,5
									»	2,10	− 5,5
									»	2,20	− 5,0
									»	2,30	− 5,0

Le 10, à six heures du matin, air . . . . − 18°,2
    »   »   neige surface . . . . − 22°,0
Le 20, à six heures du matin, air . . . . − 13°,8
    »   »   neige surface . . . . − 20°,0

Sur sol et sur glacier, la neige est fortement tassée; dans tout le parcours, elle est sous forme de sucre blanc. Le glacier et le sol en contact avec la neige sont fortement gelés.

Neige fond sur roche partiellement dans trois journées.

1865 à 1866.

Observations météorologiques et glaciaires au col du Saint-Théodule (Valais).

Station DOLLFUS-AUSSET, 3333 mètres.

Hauteur des neiges sur sol et glacier.. — Température des neiges de 10 en 10 centimètres.

AVRIL 1866.

NEIGES SUR SOL.						NEIGES SUR GLACIER.					
JOURS.	Prof.	Temp.	JOURS.	Prof.	Temp.	JOURS.	Prof.	Temp.	JOURS.	Prof.	Temp.
	m	o		m	o		m	o		m	o
10	0,03	0,0	23	0,03	-- 3,4	10	0,03	0,0	23	0,03	− 7,0
»	0,10	− 3,5	»	0,10	− 5,8	»	0,10	− 3,8	»	0,10	− 8,6
»	0,20	− 5,6	»	0,20	-- 6,0	»	0,20	− 6,5	»	0,20	− 9,2
»	0,30	− 6,5	»	0,30	− 6,0	»	0,30	− 8,0	»	0,30	-- 8,9
»	0,40	-- 6,8	»	0,40	− 6,5	»	0,40	− 7,8	»	0,40	-- 7,7
»	0,50	− 7,0	»	0,50	− 6,2	»	0,50	− 7,9	»	0,50	− 7,1
»	0,60	− 7,0	»	0,60	− 6,0	»	0,60	− 7,9	»	0,60	− 6,9
»	0,70	− 7,0	»	0,70	− 5,9	»	0,70	− 7,0	»	0,70	− 6,8
»	0,80	− 6,4	»	0,80	− 5,4	»	0,80	-- 7,9	»	0,80	− 6,6
»	0,90	-- 6,4	»	0,90	− 5,0	»	0,90	-- 7,9	»	0,90	− 6,4
»	1,00	− 6,4	»	1,00	− 5,0	»	1,00	− 7,0	»	1,00	− 6,2
»	1,10	− 6,4	»	1,10	− 5,0	»	1,10	− 7,0	»	1,10	-- 6,2
»	1,20	− 6,0	»	1,20	− 5,0	»	1,20	-- 7,8	»	1,20	− 6,0
»	1,30	− 5,6				»	1,30	-- 7,0	»	1,30	− 5,9
»	1,40	− 5,6				»	1,40	− 7,0	»	1,40	-- 5,8
»	1,50	− 5,6				»	1,50	− 7,0	»	1,50	− 5,8
»	1,60	-- 5,6				»	1,60	− 6,8	»	1,60	− 5,6
						»	1,70	− 6,5	»	1,70	− 5,6
						»	1,80	− 6,5	»	1,80	− 5,4
						»	1,90	− 6,5	»		
						»	2,00	− 6,5	»		
						»	2,10	− 6,5	»		
						»	2,20	− 6,0	»		
						»	2,30	− 6,0	»		

Le 10 : Trous faits à une heure. Air, — 8°,0. Rayons solaires, ardents. Surface, neiges dégelées.
Le 23 : Trou fait à une heure. Air, — 8°,0. Soleil.
Neige fond partiellement sur roche six journées.
Neige, dans tout le parcours, comme sucre blanc raffiné.

1865 à 1866.

Observations météorologiques et glaciaires au col du Saint-Théodule (Valais).

Station DOLLFUS-AUSSET, 3333 mètres.

Hauteur des neiges sur sol et glacier. — Température des neiges de 10 en 10 centimètres.

MAI 1866.

NEIGES SUR SOL.						NEIGES SUR GLACIER.					
JOURS.	Prof.	Temp.	JOURS.	Prof.	Temp.	JOURS.	Prof.	Temp.	JOURS.	Prof.	Temp.
	m	o		m	o		m	o		m	o
9	0,03	− 0,6	24	0,03	0,0	9	0,03	− 0,6	24	0,03	0,0
»	0,10	− 2,4	»	0,10	0,0	»	0,10	− 0,4	»	0,10	− 5,5
»	0,20	− 3,2	»	0,20	− 1,0	»	0,20	− 2,0	»	0,20	− 6,0
»	0,30	− 3,4	»	0,30	1,5	»	0,30	− 3,0	»	0,30	− 6,0
»	0,40	− 3,5	»	0,40	− 2,0	»	0,40	− 3,4	»	0,40	− 5,5
»	0,50	3,6	»	0,50	− 2,0	»	0,50	− 4,0	»	0,50	− 5,0
»	0,60	− 3,6	»	0,60	− 1,5	»	0,60	− 4,0	»	0,60	− 4,0
»	0,70	− 4,0	»			»	0,70	− 3,4	»	0,70	− 4,0
»	0,80	− 4,0	»			»	0,80	− 4,0	»	0,80	− 4,0
						»	0,90	− 4,4	»	0,90	− 4,2
						»	1,00	− 3,2	»	1,00	− 3,5
						»	1,10	− 3,2	»	1,10	− 4,0
						»	1,20	− 3,0	»	1,20	− 3,6
						»	1,30	− 4,0	»	1,30	− 3,6
						»	1,40	− 4,4	»	1,40	− 3,5
						»	1,50	− 4,2	»	1,50	− 4,0
						»	1,60	− 4,0	»	1,60	− 3,6
						»	1,70	− 4,0	»	1,70	− 3,5
						»	1,80	− 4,8	»	1,80	− 3,5
						»	1,90	− 5,0	»	1,90	− 3,5
						»	2,00	− 5,0	»	2,00	− 3,5
						»	2,10	− 5,0	»	2,10	− 3,5
						»	2,20	− 4,8	x	2,20	− 3,5
						»	2,30	− 5,0	»	2,30	− 4,0
						»	2,40	− 4,6	»	2,40	− 3,6

Le 9, à deux heures, air . . . . . 0°,6

Le 24, » » . . . . . −4°,0

Par suite de rayons solaires ardents, dégel.

Le 9, neige sur sol de surface, à 0m,10 de profondeur, dégelée et humide.

Dans tous les parcours, neige compacte et sèche, comme sucre blanc raffiné.

Neige fond sur roche partiellement une journ.

1865 à 1866.

Observations météorologiques et glaciaires au col du Saint-Théodule (Valais).

Station DOLLFUS-AUSSET, 3333 mètres.

Hauteur des neiges sur sol et glacier. — Température des neiges de 10 en 10 centimètres.

JUIN 1866.

NEIGES SUR SOL.

Jours.	Prof.	Temp.	Jours.	Prof.	Temp.
	m	o		m	o
8	0,03	0,0	20	0,03	0,0
»	0,10	0,0	»	0,10	0,0
»	0,20	0,0	»	0,20	0,0
»	0,30	0,0	»	0,30	0,0
»	0,40	0,0	»	0,40	0,0
»	0,50	0,0	»	0,50	0,0
»	0,60	0,0	»	0,60	0,0
»	0,70	0,0	»	0,70	0,0

Le 8, à deux heures, air à l'ombre. . . 1°,8
Id., au soleil, tourné en fronde . . . . 5°,0
Le 20, à deux heures, air à l'ombre . . 5°,4
Id., au soleil, tourné en fronde . . . . 8°,5
Neige fond vingt et une journées.

TEMPÉRATURE DU SOL DÉCOUVERT.

Jours.	Prof.	Temp.
	m.	o
30	0,03	8,8
»	0,10	8,0
»	0,20	5,4
»	0,30	3,4
»	0,40	2,0
»	0,50	1,0
»	0,60	0,5
»	0,70	0,0

A 0m,80 de profondeur du sol, on a trouvé de la neige imbibée d'eau gelée, glace bulbeuse de 0m,10 de hauteur. Sous cette glace, sol fortement gelé, et la glace adhérente et sèche sur une hauteur de 5 centimètres; les autres 5 centimètres, à 0°, mouillés. — C'est un embryon glaciaire qui s'est formé.

NEIGES SUR GLACIER.

Jours.	Prof.	Temp.	Jours.	Prof.	Temp.
	m	o		m	o
8	0,03	0,0	20	0,03	0,0
»	0,10	0,0	»	0,10	0,0
»	0,20	0,0	»	0,20	0,0
»	0,30	— 0,5	»	0,30	0,0
»	0,40	— 1,0	»	0,40	0,0
»	0,50	— 1,2	»	0,50	0,0
»	0,60	— 1,2	»	0,60	0,0
»	0,70	— 2,0	»	0,70	0,0
»	0,80	— 2,0	»	0,80	0,0
»	0,90	— 2,0	»	0,90	0,0
»	1,00	— 3,0	»	1,00	— 0,2
»	1,10	— 2,5	»	1,10	— 0,2
»	1,20	— 2,5	»	1,20	— 0,2
»	1,30	— 2,5	»	1,30	— 0,2
»	1,40	— 2,9	»	1,40	— 0,2
»	1,50	— 3,0	»	1,50	— 0,2
»	1,60	— 3,0			
»	1,70	— 3,0			
»	1,80	— 3,0			
»	1,90	— 3,0			
»	2,00	— 3,0			
»	2,10	— 3,0			

Le 20, neige sur glacier. Dégelé et mouillé jusqu'à 0m,90 de profondeur; puis sèche et gelée jusqu'à la surface du glacier, qui était sec et au-dessous de zéro (— 0°). La neige, nullement adhérente et comme sucre blanc raffiné.

L'embryon glaciaire ne se forme pas sur les surfaces de glaciers.

TEMPÉRAT. DU SOL observée par le guide M. Blatter à Zermatt, près l'église.

Jours.	Prof.	Temp.
	m	o
2	0,10	13,2
»	0,20	9,8
»	0,30	8,5
»	0,40	8,5
»	0,50	8,0
»	0,60	7,2
»	0,70	7,2
»	0,80	6,1
»	0,90	6,0
»	1,00	5,5
»	1,10	5,2
»	1,20	5,0

En amont de Zermatt, près de la pente terminale du glacier de **Gorner :**

Jours.	Prof.	Temp.
	m	o
6	0,03	14,5
»	0,10	11,2
»	0,20	10,4
»	0,30	9,8
»	0,40	9,0
»	0,50	8,2
»	0,60	8,0
»	0,70	7,4

ABLATION (FONTE) DES NEIGES QUI COUVRENT LE SOL.

Jours.	Ablat.	Jours.	Ablat.
	mm		mm
20	80	27	30
21	100	28	50
22	10	29	82
23	90	30	100
24	95		
25	33		
26	30		

En onze jours, fondu . . . . 700 millimètres.
Moyenne diurne. . . . . 63,6 »
Maxima . . . . 100 »
Minima . . . . 10 »
Différence . . . . 90 »

Dans cette décade, température diurne moyenne à l'ombre, 2°,31.
Moyennes : à six heures, 0°,44; à midi, 5°,33; à deux heures, 6°,32; à six heures, 2°,33.

1865 à 1866.

Observations météorologiques et glaciaires au col du Saint-Théodule (Valais).

Station DOLLFUS-AUSSET, 3333 mètres.

Hauteur des neiges sur glacier. — Température des neiges et du sol découvert de 10 en 10 centimètres.

JUILLET 1866.

NEIGES SUR GLACIER.			TEMPÉRATURE DU SOL.			
JOURS.	Profond.	Tempér.	JOURS.	Profond.	Tempér.	
	m	o		m	o	
11	0,03	0,0	11	0,03	20,0	
»	0,10	0,0	»	0,10	15,5	
»	0,20	0,0	»	0,20	11,2	La neige fond vingt-cinq journées.
»	0,30	0,0	»	0,30	5,1	L'ablation diurne a été fréquemment à 100 millimètres.
»	0,40	0,0	»	0,40	0,3	Les températures de l'air élevées et les rayons solaires ar-
»	0,50	0,0	»	0,50	0,5	dents.
»	0,60	0,0	»	0,60	1,5	
»	0,70	0,0	»	0,70	1,0	
»	0,80	0,0	»	0,80	0,8	
»	0,90	0,0	»	0,90	0,5	
»	1,10	0,0	»	1,00	− 0,0	
»	1,20	0,0				
»	1,30	0,0				
»	1,40	0,0				
»	1,50	0,0				
»	1,60	0,0				

COL DU SAINT-THÉODULE.

Station DOLLFUS-AUSSET, 3333 mètres d'altitude.

Le passage du Valais en Italie, de Zermatt au Breuil, par le col du Saint-Théodule, se fait généralement depuis la mi-juin jusqu'à la mi-octobre.

Dans les années normales, les neiges de l'hiver sont fondues sur les glaciers des deux versants, en août, septembre et octobre. Le passage se fait sur glaciers découverts pendant tout le temps où il ne tombe pas de neige d'une certaine hauteur. Les mulets, les chevaux, vaches et moutons passent, dans ces moments favorables, d'une vallée à l'autre. En octobre 1865, du 2 au 18, ont passé, d'une vallée à l'autre, au col : quarante-six personnes de la localité, six vaches, cinq génisses et de nombreux moutons.

Au point culminant du col, sur roches en place, où la neige est généralement enlevée par le vent, on a construit une maisonnette en pierre (Refuge), espèce de cantine où l'on donne à boire et à manger pendant l'été. Dans la même localité, un chalet en bois, chambre spacieuse, a été construit il y a quelques années; c'est un refuge par les mauvais temps. Ce même chalet a été consolidé en 1865 et occupé par les guides de **Dollfus-Ausset**, pour faire des observations météorologiques et glaciaires pendant une année entière. Ce passage est très-fréquenté par des naturalistes, des touristes et les gens du pays.

Liste des touristes, des guides et des porteurs qui ont passé le col du Saint-Théodule en 1866.

MOIS.	TOURISTES.		GUIDES et PORTEURS.
	HOMMES.	FEMMES.	
Juin	16	2	12
Juillet	177	20	130
Août	183	10	170
Septembre.	100	5	80
Octobre.	5	—	10
Totaux	481	37	402

Total des touristes, guides et porteurs . . 920

Gens du pays 180

Total général 1100

Juin, juillet, août sont observés; septembre et octobre et gens du pays sont interpolés et doivent ne pas s'écarter de la vérité.

En 1846, accompagné d'amis et de guides, j'ai traversé le col du Théodule, de Zermatt à Valtornenche.

On logeait à Zermatt chez le curé, qui tenait auberge. Dans son registre d'étrangers étaient inscrits quinze touristes. A Valtornenche, on logeait de même chez le curé.

En 1868 (vingt-deux années plus tard), deux hôtels et dépendances splendides à Zermatt; hôtel au Riffel, cantine au Théodule, et hôtel au Breuil.

Les touristes qui visitent Zermatt et les environs sont aussi nombreux que ceux qui se rendent à Chamonix.

MÉTÉOROLOGIQUES ET GLACIAIRES

AU COL DU SAINT-THÉODULE (VALAIS).

Station DOLLFUS-AUSSET, 3333 mètres d'altitude.

Août 1865 à Août 1866.

—

RÉSUMÉ GÉNÉRAL.

Introduction. — Conclusions par Dollfuss-Ausset [1].

Depuis un grand nombre d'années, un observatoire météorologique est organisé à l'hospice du **Saint-Bernard**, 2478 mètres d'altitude.

M. Plantamour, professeur à Genève, rend compte mensuellement de ces observations dans les *Archives des sciences physiques et naturelles*, publiées à Genève, et toutes les années il les compare avec celles faites à Genève à 408 mètres d'altitude.

Depuis plusieurs années, l'Association météorologique fédérale suisse a organisé quatre-vingt-cinq stations, où se font régulièrement des observations toute l'année ; elles sont publiées mensuellement en tableaux avec annotations nombreuses : documents précieux de **Bellinzona**, 229 mètres d'altitude, au **Saint-Bernard**, 2478 mètres d'altitude.

Des glaciéristes ont publié les observations qu'ils ont faites en station en hautes régions, en été :

De Saussure, au col du Géant ;

Hugi, au glacier inférieur de l'Ar ;

Ch. Martins, au Faulhorn, aux Grands-Mulets ;

Agassiz-Desor, au glacier inférieur de l'Ar.

De plus, nombreuses observations de glaciéristes dans des excursions en hautes régions.

Observations météorologiques et glaciaires en hautes régions, toute l'année.

Les seules observations météorologiques et glaciaires en très-hautes régions d'une année complète que nous possédons, c'est moi qui les ai organisées [2].

---

[1] De ces conclusions, par suite d'observations régulières d'une année, à 3333 mètres d'altitude, je prends toute la responsabilité, et j'ajouterai les vers de l'immortel Schiller :

> Wenn wir im Suchen uns trennen,
> Wird erst die Wahrheit erkannt.

[2] D. A. C'était de ma part idée fixe, et je dois la mentionner. — C'est par l'initiative que se font les progrès.

1846. Le guide-chef **Jaun** et des collègues passent une année au **Grimsel** et font des observations aux glaciers de l'Ar.

1865-1866. Au col du Saint-Théodule, station **Dollfus-Ausset**, 3333 mètres d'altitude, trois guides font des observations météorologiques et glaciaires pendant une année entière.

D. A. CONCLUSIONS ET THÉORIES.

THÉODULE, 3333 MÈTRES D'ALTITUDE.

Prédiction des circonstances atmosphériques.

A aucune altitude dans les Alpes, et dans aucune saison, on ne peut prédire les circonstances atmosphériques à l'avance.

Un ami, qui s'occupe de météorologie et qui avait l'idée fixe d'étudier spécialement les précurseurs du beau et du mauvais temps, me disait : « J'ai tant prédit, que je ne crois mieux faire que de ne plus prédire du tout. » Je lui ai répondu : « Par suite d'observations sérieuses, à un grand nombre de stations à diverses altitudes, je me suis amusé à noter, soir et matin, les circonstances atmosphériques probables, et souvent j'ai ajouté la manière de voir des gens du pays. Récapitulation faite, le résultat définitif était ainsi formulé : nous nous sommes trompés autant de fois que nous avons prédit juste, à l'exception de circonstances de beau ou mauvais temps qui persistaient plusieurs jours. »

ÉTAT DU CIEL.

La couleur bleue au zénith est de plus en plus intense à mesure qu'on arrive à des altitudes plus élevées. **De Saussure** a déjà signalé ce fait : il avait exposé une gamme de bleu de 30 dégradations qu'il a nommée *cyanomètre*. Au Théodule, cette intensité est forte : outremer très-foncé au zénith.

Depuis les points culminants, en hautes régions, où la vue est très-étendue, on voit généralement, à grande distance, les objets imparfaitement, voilés dans le hâlo ; tandis qu'à la même distance et dans les mêmes moments on distingue, depuis les vallées, parfaitement les sommités d'une grande clarté. — Au pavillon de l'Aar, par de belles journées, nous avons observé, avec la lunette achromatique, les touristes qui se trouvaient au point culminant du Finster-Aarhorn, à une altitude de 2000 mètres plus élevée, et ces mêmes touristes nous ont dit que le pavillon de l'Aar, vu avec la lunette, était voilé et peu distinct.

A toutes règles générales des exceptions. Par suite de chutes de neiges en hautes régions, suivies le lendemain par un beau temps, sec et clair, on voit à de grandes distances très-distinctement. Depuis le Faulhorn, on reconnaît parfaitement les points culminants de la Forêt-Noire ; on voit à l'œil nu des touristes au Rigi etc. Dans de telles circonstances j'ai vu les points culminants des Alpes et reconnu les pics depuis Langres, et la distance est très-grande !

Par suite de journées exceptionnellement chaudes, ciel découvert, dans les vallées hautes, on voit du hâlo, les objets voilés, comme dans les régions inférieures. Au glacier inférieur de l'Aar, 2400 mètres d'altitude, nous avons fort souvent observé ce hâlo, cette atmosphère voilée, depuis la pente terminale jusqu'à l'Abschwung, 8 kilomètres de longueur. — Dans d'autres circonstances, l'atmosphère était d'une transparence hors ligne.

Sous le rapport de l'usage des yeux, du savoir-voir, les chasseurs de chamois voient à l'œil nu à des distances fabuleuses. Il me souviens qu'au glacier de l'Aar le guide-chef **Jaun**, chasseur de chamois, nous indiquait des roches dans les hauteurs à grandes distances où se trouvaient en pâturage douze chamois. A l'œil nu, ni Messieurs ni guides ne les ont reconnus. Par la lunette achromatique, j'en ai reconnu treize; le guide, après une nouvelle vue, a ajouté : C'est juste, il y en a un treizième qui m'avait échappé » (historique).

En très-hautes régions, au Théodule, le ciel est-il généralement plus ou moins couvert que dans les altitudes inférieures? — *Réponse :* Les nuages sont des brouillards dans lesquels on se trouve fort souvent en hautes régions, et qui sont assez fréquents. D'un autre côté, on voit les basses régions couvertes d'une mer de brouillard d'une certaine hauteur, et au-dessus un temps splendide. — Ces mers de nuages (brouillard) produisent un effet très-pittoresque : depuis les points culminants du Faulhorn, Rigi, Weissenstein, Chaumont, Niesen etc. on voit sortir de cette mer, qui ressemble à un immense glacier, les pics environnants d'une clarté hors ligne.

Les tableaux météorologiques mentionnent généralement l'état du ciel par des chiffres : 0 totalement découvert, sans le moindre nuage; 10 complétement couvert, et 1 à 9, intermédiaire par dixième, couvert. — Voilé, vaporeux, brouillard, arc en ciel, éclairs, orage, tonnerre, foudre tombe, hâlo solaire et lunaire. — De plus, mention des espèces de nuages et leur orientation, à l'horizon ou au zénith : Cirrus [1], CR; Cumulus [2], CM; Stratus [3], ST; Cirro-Cumulus [4], CR-CM; Cirro-Stratus [5], CR-ST, Cumulo-Stratus [6], CM-ST. Zénith, horizon.

---

[1] **Cirrus**, queue des marins; nuages en fibres parallèles, ondoyantes et divergentes; filament déliés, dont l'ensemble peut être comparé tantôt à un pinceau, tantôt à des cheveux crépus, tantôt à un réseau délié.

[2] **Cumulus**, balle de coton des marins, en forme de demi-sphère, s'entassant quelquefois les unes sur les autres.

[3] **Stratus**, couche très-étendue, continue, horizontale, formant un espèce de voile qui couvre le ciel ou une partie du ciel.

[4] **Cirro-Cumulus**, ciel pommelé; petites masses arrondies, bien terminées en ordre serré et horizontal.

[5] **Cirro-Stratus**, masse semblable à du coton cardé dont les filaments seraient étroitement entrelacés; au zénith ils ont l'apparence d'un grand nombre de nuages déliés qui coupent le ciel par tranches.

[6] **Cumulo-Stratus**, Stratus formés d'un grand nombre de Cumulus qui, en devenant plus denses, passent à l'état de **Nimbus**, nuages à pluie, à teinte uniforme grisâtre. (D'après **Kæmtz** et **De Gasparin**.)

Pour l'étude des glaciers et la végétation, ces observations sont insuffisantes. La lumière, et surtout les rayons solaires, ont une très-grande influence sur le température de l'air, sur le sol, les eaux, les neiges et les glaciers, et généralement sur tous les corps, les gazons, les plantes et toutes les végétations.

On doit mentionner l'heure du lever et du coucher du soleil et le *nombre d'heures de rayons solaires dans la journée*. — J'insiste sur cette dernière observation, surtout en hautes régions; pour l'étude des glaciers, elle est une des plus importantes.

Clarté du ciel à diverses altitudes. 1865 à 1866.

STATIONS.	ALTITUDE.	NOMBRES DE JOURS.	
		TOTALEMENT DECOUVERT.	TOTALEMENT COUVERT.
	m		
Théodule	3333	21	30
Saint-Bernard.	2478	45	42
Simplon	2008	32	25
Rigi	1784	50	64
Græchen	1715	75	35
Chaumont	1152	21	32
Engelberg.	1024	32	58
Chaux-de-Fonds	1023	75	76
Uetliberg	874	58	24
Berne	574	44	45
Neuchâtel	488	81	65

VENTS.

La girouette des stations fédérales suisses est très-pratique. Une flèche donne la direction; une plaque en tôle, suspendue dans le haut, indique la force, suivant l'inclinaison qu'elle prend, et qui correspond à des tiges en fer placées à diverses hauteurs. On enregistre 0 : vertical sans mouvement, calme; entre vertical et première tige, 0,5 très-faible; à la première tige, 1 faible; puis 1,5, 2; 2,5, 3; 3,5, 4 très-fort; 5 violent; 0 tempête, ouragan, violence extrême.

Directions : N, S, E, O; NO, SO, NE, SE, en ajoutant le chiffre de force.

Les observations sont horaires, de six heures du matin à neuf heures du soir.

Vents dominants de l'année au Théodule.

NOMBRE D'HEURES, MÊME DIRECTION.								
Calme.	SO	E	O	NE	SE	S	NO	N
1142	2331	2177	1107	1101	557	230	91	24
				Pour 100:				
13,04	26,60	24,85	12,65	12,57	6,36	2,62	1,04	0,27

Vents dominants :

Hiver . . . . SO 30,98 0/0 ‖ Été 0 25,37 0/0
Printemps . . . . SO 30,56 0/0 ‖ Automne . . . . E 32,27 0/0

Théodule. Vents. Force (intensité). Moyenne mensuelle.

MOIS.	Moyenne.	Maxima.	Heures.	Minima,	Heures.
Août	1,26	1,34	7 s.	1,06	10 m.
Septembre	0,88	1,13	7 m.	0.55	2 s.
Octobre	1,20	1,47	7 s.	0,97	10 m.
Novembre	1,48	1,70	7 m.	1,10	8 s.
Décembre	1,35	1,58	9 m.	1,11	7 s.
Janvier	1,27	1,50	6 s.	1,10	1 s.
Février	1,51	1,86	7 m.	1,25	4 s.
Mars	1,69	1,87	8 s.	1,50	3 s.
Avril	1,32	1,75	6 s.	1,17	8 m.
Mai	1,32	1,60	6 m.	1.05	4 s.
Juin	0,70	0,95	7 m.	0,55	5 s.
Juillet	1,31	1,60	3 s.	1,03	8 s.
SAISONS.					
Hiver.	1,38				
Printemps	1,44				
Été.	1,09				
Automne	1,19				
Année.	1,27				

Si nous calculons la force du vent par jour et par nuit, l'intensité de jour est
de 1,26, et la nuit 1,29. La nuit, 9 à 10 p. 100 plus fort que de jour.

Les vents dominants au Théodule sont SO et E. Les directions qui se produisent le moins sont N et NO. L'intensité la plus forte est en mars et février ; la plus faible en juin et septembre.

La station Théodule, sous le rapport du vent, diffère de celle des autres stations suisses, et surtout des observations faites au pavillon de l'Aar et au Grimsel.

Le *Gougx*, changement de direction et de force dans certaines journées, de calme à violent dans l'espace de quelques secondes, et successivement N, SO, E etc. dans la même minute, observé dans l'Oberland bernois, pendant des journées entières, ne se produit pas au Théodule.

Le *Fœhn*, vent chaud du printemps, signalé pour fondre les neiges, ne souffle pas au Théodule.

Sous le rapport de l'intensité (force du vent), la station Théodule est celle où la force acquiert un maximum hors ligne. Dans les annotations des observateurs, nous lisons : « Cette nuit, depuis deux heures du matin jusqu'à soleil levant, le vent était tellement féroce que, malgré les doubles fenêtres et double porte, il a fallu placer la chandelle dans la lanterne ; sans cela elle s'éteignait. La table sur laquelle j'écris tremble comme s'il y avait un léger tremblement de terre ;-la neige tourbillonne dans l'air et frappe contre les vitraux. Notre collègue **Gorret** est à genoux ; il lit des prières italiennes à haute voix, et il nous dit : « Chers amis, notre dernière heure va sonner, le chalet va être enlevé comme la tente l'été passé. » Par suite de cette frayeur, il est tombé malade ; on l'a transporté dans la vallée.

Autres citations assez fréquentes : Vent d'une force telle que les plus terribles tempêtes de l'Oberland bernois ne sont que des zéphyrs.

Les vents violents en hautes régions déplacent les neiges fraîches comme de la poussière, les transportent dans les cirques et les accumulent à une grande hauteur ; ils déplacent fort souvent les neiges anciennes tassées, et lorsque le sol est découvert, des parcelles de roches et même des fragments assez volumineux voltigent dans l'air. — Des menuisiers qui ont passé l'hiver au Faulhorn pour restaurer les boiseries de l'auberge, m'ont assuré que dans plusieurs journées des parcelles de roches voltigeaient dans l'air ; et pour empêcher qu'elles cassent les vitraux des fenêtres, on fermait les contrevents. Heureusement, pour les touristes, ces vents violents ne se produisent pas en été.

Le cantinier **Gorret**, du Théodule, dit : « L'expression de vent *féroce* est juste pour de certaines localités en hautes régions, mais au Théodule le vent est souvent **férocississimo !** »

Pour compléter les observations de directions des vents par la girouette, il est très-pratique de fixer à une perche une banderolle en étoffe légère d'une certaine longueur et d'observer l'inclinaison du vent qui souffle horizontalement incliné, du bas en haut, du haut en bas, et de faire l'inscription dans les tableaux.

Pour des observations hors ligne, une espèce de roue à ailette avec engrenage, compteur, indique la force du vent d'une manière mathématiquement juste.

HYDROMÉTÉORES.

Rosée. A toutes les altitudes, dans de certaines circonstances, la rosée peut se produire. — Les observateurs signalent de la rosée au Théodule. — C'est par calme, zénith clair, sans nuages, que la rosée se produit. En hautes régions, elle est plus rare et moins abondante que dans les vallées.

En observant le point de rosée de l'air ambiant et la température des corps sur lesquels elle se dépose, on voit que le fait a lieu lorsque le point de rosée de l'air est plus élevé que la température du corps.

Gelée blanche. C'est de la rosée gelée. Elle se produit en hautes régions et au Théodule dans toutes les saisons.

Givre. Gelée blanche abondante ; souvent elle équivaut à une faible chute de neige. Elle est cristalline ou en écailles.

Au Théodule, dans une année, rosée . . . . 6 jours.

    »   »   gelée blanche. . . . 54   »

BROUILLARDS.

A toutes les altitudes et dans toutes les saisons, le brouillard se produit. En observant directement le point de rosée sur surfaces métalliques de vases polis de l'air ambiant par brouillard, on conclut qu'il y a quatre espèces de brouillards.

a. **Brouillard sec** (air non saturé d'humidité), point de rosée à une température moins élevée que l'air.

b. **Brouillard normal** (saturé d'humidité), point de rosée égal à la température de l'air ambiant.

c. **Brouillard humide** (sursaturé d'humidité), point de rosée plus élevé que celui de l'air; dans ce cas il dépose beaucoup d'humidité.

d. **Brouillard de fumée.** Par suite de carbonisation de bois dans les vallées hautes, la fumée est transportée dans l'air par vents faibles en hautes régions. Nous l'avons observée au pavillon de l'Aar, provenant de carbonisation de bois à la Handeck.

Au Théodule, le brouillard de fumée ne s'est pas produit. Pendant mon séjour au Théodule, j'ai observé les trois espèces de brouillards *a, b, c;* de même fort souvent au pavillon de l'Aar, au Faulhorn et dans les environs en hautes régions, dans les vallées et dans les plaines.

Les brouillards sont des nuages dans lesquels on se trouve. Les nuages sont des brouillards dans lesquels on ne se trouve pas. Dans les excursions en hautes régions, on traverse souvent ces brouillards-nuages.

Au Théodule, le brouillard est fréquent dans toutes les saisons; il persiste quelquefois vingt-quatre heures et plus.

Assez souvent, en hautes régions, on voit, dans les vallées ou dans les plaines, une nappe de brouillard (mer de brouillard), répandue uniformément sur la surface du sol ou des lacs, surtout le matin; et à la la station élevée, le ciel est complétement serein. — Au glacier inférieur de l'Aar, par suite de belles journées en été, le brouillard monte, le soir, sur le glacier depuis la pente terminale jusqu'à la ligne transversale du pavillon, et couvre uniformément tou le glacier d'une hauteur de plusieurs mètres, sans s'étendre sur les rives: c'est un précurseur de beau temps pour le lendemain, qui est le seul que je connaisse et qui trompe rarement.

Les brouillards ont généralement un mouvement ascendant le long des parois de roches, et, en les dépassant, ils disparaissent, s'évaporant par suite de la sécheresse de l'air supérieur. — L'inverse peut arriver et le brouillard peut se former dans les hauteurs, surtout par calme, et rester fixe; au-dessous et au-dessus atmosphère transparente.

Répétons à cette occasion : point de rosée d'air qui arrive à une station supérieure plus élevé que le point de rosée de cette station supérieure, il y aura formation de brouillard; évaporation du brouillard, si le point de rosée de l'air supérieur est à une température plus basse que ce brouillard.

Cette vérité fondamentale, on ne saurait trop la mentionner

Nombre de journées de brouillard aux stations suisses.

STATIONS.	ALTITUDES.	NOMBRE de journées.	P. 100.	
Théodule.	3333	184	50	De 3333 mètres à 2000 mètres, le brouillard est plus fréquent qu'aux altitudes inférieures. — A Brienz, au bord du lac, le brouillard est fréquent. Au Rigi, au Splügen et à Bâle, le brouillard est rare. — On voit par ce tableau qu'au Théodule le brouillard est très-fréquent : autant de journées où le brouillard se produit que de journées sans brouillard. Souvent il ne dure que quelques heures et même moins longtemps. Dans d'autres journées il persiste jour et nuit.
Saint-Bernard	2478	100	27	
Simplon	2008	74	20	
Rigi	1784	15	4	
Splügen	1471	15	4	
Chaumont	1152	61	17	
Engelberg.	1024	36	10	
Chaux-de-fonds . . .	980	33	9	
Ketliberg	874	24	6	
Brienz	586	94	26	
Berne	574	20	5	
Zurich	480	35	9	
Genève	408	24	6	
Bâle	278	16	4	

PLUIES.

Quand nous arrivâmes à la station Théodule, le cantinier qui y passe l'été depuis plusieurs années nous dit : « Il est excessivement rare de voir tomber de la pluie ici. » Je lui réponds : « Les observateurs vérifieront le fait pendant leur séjour d'une année. »

En règle générale, en partant de la base du Théodule, du Breuil ou de Zermatt, par temps couvert et pluie, à mesure qu'on monte, la pluie est plus fine ; à 2800 mètres approximativement, elle est entremêlée de parcelles de neige ; à 3000 mètres, la neige tombe franchement, et arrivé au col, le sol est couvert de plusieurs centimètres de hauteur de neiges fraîches.

A toutes règles générales des exceptions. Depuis le pavillon du glacier de l'Aar, dans certaines journées de pluie, les grandes hauteurs n'étaient pas saupoudrées de neiges fraîches, tel que cela a généralement lieu en été, et on voyait de l'eau de pluie couler sur les roches des points culminants.

Les observateurs au Théodule ont inscrit des chutes de pluie faibles, sans mélange de neige, dans une douzaine de journées, et entre autres une chute assez forte dans l'après-midi, et le temps s'étant complétement éclairci, le point culminant du Mont-Cervin (*Matterhorn*) n'était nullement saupoudré de neiges, et avec la lunette achromatique, ils ont vu de l'eau de pluie couler sur les roches dans la plus grande hauteur.

En été, les chutes de pluie fraîche, sans mélange de neige, sont très-fréquentes au Saint-Bernard à 2478 mètres, au Faulhorn à 2700 mètres d'altitude, et jusqu'à 3000 mètres. Au-dessus, elles font exception.

Les gouttes de pluie, en parcourant une grande hauteur d'air, traversant successivement des couches d'air dont le point de rosée est à une température plus élevée que celle de ces gouttes, il y a condensation souvent très-forte, et c'est la raison pour laquelle, en règle générale, il tombe une hauteur de pluie, dans un temps donné, plus forte dans les vallées que dans les hauteurs.

Pour les quantités d'eau de pluie qui tombent, l'orientation de la totalité et l'altitude ont une très-grande influence.

Chutes de pluies ou de neiges à diverses stations suisses.
1865 à 1866, année complète.

STATIONS.	ALTITUDE.	NOMBRE DE JOURS.		Hauteur en eau, pluie et neige.	
		Pluie.	Neige.		
	m			mm	
Théodule	3333	12	160	?	Au Théodule, par suite des vents, les chutes n'entrent pas dans l'udomètre. On n'a observé que la hauteur des neiges tombées sur des planches exposées.
Saint-Bernard . .	2478	31	87	1083	
Simplon	2008	20	95	874	
Splügen	1471	144	84	1256	
Engelberg . . .	1024	156	52	1524	Aux stations suisses, le même fait se produit, et les chutes de pluie ou neiges, en eau, sont approximatives.
Castasegna . . .	700	158	18	1610	
Mendrisio. . . .	355	124	16	2185	

NEIGES SUR SOL OU SUR GLACIERS.

1. **Neiges fugitives.** Celles qui en tombant se fondent (se réduisent en eau) et ne blanchissent pas le sol.

2. **Neiges momentanées.** Neiges fraîches pouvant acquérir une certaine hauteur (quelques centimètres) et qui fondent dans les vingt-quatre heures, plus ou moins vite.

3. **Neiges qui prennent pied.** Celles qui tombent dans des circonstances de température à se maintenir assez longtemps.

4. **Neiges normales.** Celles qui tombent dans les plaines, dans les vallées et sur les hauteurs jusqu'à une certaine altitude au commencement de l'hiver, et qui persistent, par suite de chutes successives qui les augmentent, et ne se fondent qu'au printemps.

5. **Neiges temporaires.** Celles qui tombent aux altitudes et localités assez élevées, pour se maintenir d'une année à l'autre.

6. **Neiges persistantes.** Celles qui persistent longtemps en hautes régions, sur surface des glaciers. (Cette dénomination remplace l'expression de *neiges éternelles*.)

Champs de neiges. Neiges qui couvrent de grandes surfaces de sol ou glaciers d'une hauteur uniforme.

Taches ou flaques de neiges. Amas de neiges isolés.

Neiges ventées. Accumulées par les vents.

Neiges fraîches.

Neiges anciennes.

Neiges tassées.

Neiges grenues[1].

Neiges sèches.

Neiges aqueuses.

Neiges gelées.

Neiges dégelées.

CHUTES DE NEIGES.

Dans les Alpes, aux altitudes au-dessus de 1800 mètres, la neige peut tomber franchement sans mélange de pluie, dans toutes les saisons de l'année.

Pendant un séjour au pavillon de l'Aar, 2400 mètres d'altitude, en août 1846, il est tombé, en vingt-quatre heures, $0^m,60$ de neiges fraîches. Au Grimsel, 1880 mètres d'altitude, elle avait $0^m,20$ de hauteur, et dans la même journée elle couvrait le sol de la Handeck de quelques centimètres de hauteur. Ces fortes chutes sont exceptionnelles. — Des chutes moins fortes se produisent en été toutes les années.

Au-dessus de 2400 mètres, au Saint-Bernard, au Faulhorn, il neige toutes les années dans plusieurs journées de l'été.

Au Théodule, il a souvent neigé dans tous les mois de l'année.

En règle générale, les chutes de neiges fraîches en hiver sont en vingt-quatre heures plus fortes dans les vallées qu'aux grandes altitudes. Le guide **Jaun**, se rendant, en hiver, du Grimsel à Obergeschelen (Valais), a vu tomber, en vingt-quatre heures, 2 mètres de hauteur de neiges fraîches. Les gens du pays lui ont dit « que ces fortes chutes, hors ligne, sont rares, mais qu'elles se produisent quelquefois. »

Au Saint-Bernard, Faulhorn etc., les hauteurs de chutes diurnes, en hiver, neiges non ventées, ne dépassent généralement pas 1 mètre de hauteur ; au Théodule, la plus grande hauteur diurne n'a été que de $0^m,50$.

En règle générale, dans toutes les saisons, lorsqu'il pleut dans les vallées, la pluie tombe sous forme de neige à 3000 mètres d'altitude et au-dessus.

Exceptionnellement l'eau peut tomber à l'état de pluie, en été, aux altitudes les plus élevées des Alpes. Au Finsteraarhorn, Schreckhorn, Matterhorn (Mont-Cervin) on a vu tomber de la pluie.

ASPECT. ARRANGEMENT MOLÉCULAIRE DE LA NEIGE.

La neige fraîche qui tombe est très-variable sous le rapport de l'aspect. Pour observer la cristallisation des flocons ou parcelles de neiges au moment de leur chute, il y a un moyen très-pratique : prenez un carton en papier dont la surface est noircie. Exposez-le à l'air ambiant, si la température est au-dessous de zéro, et sur un mélange frigorifique de neige et de sel marin, si la température est au-dessus de zéro. La neige qui tombe à la surface, vous pouvez l'observer avec un verre grossissant.

α. **Neige cristalline superbe.** Dans certaines journées froides, en hiver, par ciel complétement serein, sans aucun nuage ni vapeur, on voit quelque-

[1] D. A. *Neiges grenues* en remplacement de la dénomination *Névé.*

ois des parcelles de neiges scintiller et voltiger dans l'air. En touchant le papier noir, on est surpris de la magnificence de ces formes cristallisées, qui sont généralement à six rayons, aux dentelures magiques, très-variées.

Ces mêmes cristallisations se voient, en hiver, quelquefois sur les carreaux de vitres de localités non chauffées. On peut les dessiner fort à l'aise. Un nommé **Schuhmacher** a publié des illustrations de ces formes, qui varient à l'infini, sous le rapport des dentelures toujours à six rayons.

b. **Neige cristalline ordinaire.** Chutes par temps froid et sec; cristallisations de même aspect que les précédentes, entremêlées de formes petites et massives, carrées, rondes etc. etc.

c. **Neige poudreuse.** Par air froid. Cristallisation irrégulière.

d. **Neige floconneuse.** En flocons, généralement par air — 0,5 à — 1°. Cristallisations diverses.

e. **Neige en gros flocons secs.** Même espèce que *d*, mais flocons très-larges.

f. **Neige aqueuse.** Neige humide, par température au-dessus de zéro, assez souvent entremêlée de gouttes de pluie.

Ces diverses cristallisations de neiges tombent à toutes les altitudes, suivant les saisons.

CHANGEMENTS DE CRISTALLISATION DES NEIGES SUR SOL.

Les neiges qui tombent par air froid sur sol, branches d'arbres etc., conservent la même forme et le même aspect aussi longtemps que le point de rosée de l'air ambiant est à une température plus basse que la matière cristallisée, par ciel couvert, sans rayons solaires, et température de l'air au-dessous de zéro. Dans ces cas, il y a évaporation de neige : les dentelures s'amincissent et la partie supérieure de la chute disparaît par évaporation.

Par suite de changement de température et d'état hygrométrique de l'air ambiant, le point de rosée se trouvant plus élevé que celui de la superficie de la neige, il y aura condensation d'eau gelée, et la cristallisation sera brouillée jusqu'à une certaine profondeur.

Par suite de rayons solaires, peu importe la température de l'air et le point de rosée, la partie supérieure de la neige se fondra, la cristallisation change, surtout en hautes régions, où les rayons solaires sont infiniment plus ardents.

Par température de l'air élevée et air humide, la cristallisation se changera en grains : neiges grenues.

NÉVÉ. — **De Saussure** a appelé *névé* cette transformation de la cristallisation de la neige en grains, et il a désigné par cette expression les neiges tassées anciennes qui couvrent les glaciers en hautes régions. Il a établi la théorie : la neige se change en névé, — le névé se transforme en glace de névé gelé; — ce névé gelé se change en glace bulleuse, — la glace bulleuse s'ajoute à la surface du glacier et finit par se convertir en véritable glace de glacier.

Cette théorie a été adoptée par beaucoup d'autres qui ont écrit sur la formation des glaciers.

En 1869, je raie du dictionnaire glaciaire les expressions *neiges éternelles* et *névés*, et je les remplace par **neiges persistantes et neiges grenues**[1].

Chutes des neiges fraîches dans l'année 1865 à 1866.

STATIONS.	ALTITUDE.	NOMBRE de jours.	STATIONS.	ALTITUDE.	NOMBRE de jours.
	m			m	
Théodule	3333	160	**Brienz**	586	13
Saint-Bernard . .	2478	87	**Berne**.	574	17
Simplon	2008	95	**Interlaken**	571	19
Rigi	1784	52	**Sion**	536	11
Græchen[2]	1632	49	**Martigny**	498	10
Andermatt	1448	46	**Zurich**	480	12
Chaumont	1152	53	**Neuchâtel**[4]	488	12
Engelberg	1024	52	**Genève**	408	6
Uetliberg[3]	874	28	**Bâle**	278	8
Coire	603	22			

On voit par ce tableau que depuis l'altitude de 1800 mètres les chutes de neiges sont beaucoup plus nombreuses que dans les altitudes plus basses. La raison en est toute naturelle, nous l'avons déjà citée.

Aux grandes altitudes il tombe de la neige dans toutes les saisons, tandis qu'aux autres il neige seulement en hiver.

Comparaison aux points culminants de montagnes et à leur base.

POINTS CULMINANTS.	ALTITUDE	JOURS.	BASE.	ALTITUDE	JOURS.	DIFFÉRENCES.	
						Altitude.	Jours.
	m			m		m	
Théodule.	3333	160	**Græchen**	1632	49	1701	111
Saint-Bernard . .	2478	87	**Martigny**	498	10	1980	77
Chaumont	1152	53	**Neuchâtel**	488	12	664	41
Uetliberg. . . .	874	28	**Zurich**	480	12	394	16

HAUTEUR DES NEIGES DANS L'ANNÉE.

La hauteur des neiges qui tombent aux diverses altitudes dans les Alpes, dans une année, est très-variable ; il en est de même des autres observations météorologiques. — Les jours, les décades, les mois, les saisons et les années se suivent et ne se ressemblent pas.

M. Plantamour, directeur de l'Observatoire à Genève, dans les tableaux météorologiques, *Saint-Bernard et Genève*, qu'il publie mensuellement, a

[1] D. A. A l'article *Formation des glaciers*, *Embryon glaciaire*, plus de détails.
[2] *Græchen*, à la base du Théodule, près Zermatt.
[3] *Uetliberg*, hauteur des environs de Zurich.
[4] *Neuchâtel*, à la base de Chaumont.

établi des moyennes de vingt années d'observations et (même plus nombreuses) de ces deux stations. Ces moyennes, il les appelle *normales*, et lorsque les observations spéciales s'en écartent, il les désigne par *anormales*. Les écarts de l'*état normal* sont signalés, et indiquent le plus ou moins de *perturbation*. Ces documents, moyennes d'un grand nombre d'années, sont précieux.

Les observations d'une année au Théodule sont isolées et ne représentent pas le type normal. Il faudrait un certain nombre d'années d'observations. Ces observations, à 3333 mètres d'altitude, compléteraient celles des quatre-vingt-cinq stations fédérales suisses existantes.

Pour organiser ces observations et les continuer sans interruption, il faut trois choses : Des billets de banque, — de l'or et de l'argent monnayés.

APERÇU DES DÉPENSES.

Construction d'un local (demeure) convenable et
solide, avec appentis . . . . 12,000 fr.
Ameublement, instruments et accessoires. . . 3,000

Total . . . . . 15,000 fr. au minimum.

Dépenses annuelles.

Un observateur chef . . . . 3,650 fr.
Un observateur intelligent 1,800
Un aide 1,000
Chauffage et éclairage. 2,000
Nourriture 3,000
Imprévu 1,000

Total . . . . . 12,450 fr. [1]

Il est difficile de déterminer la hauteur totale des neiges qui tombent aux différentes altitudes dans les Alpes. — Pour arriver à des donnés positives et exactes, il faudrait qu'aux diverses stations on fasse des observations spéciales des neiges telles qu'elles ont été faites au Théodule :

Fixer dans le sol verticalement une perche dans un emplacement où la neige n'est ni accumulée ni enlevée par le vent. Sur ce pieu est cloué un ruban divisé en centimètres, de bas en haut. Matin et soir on observe la hauteur totale à la perche. On connaîtra le rehaussement par chutes fraîches, le tassement et la fusion. — Pour se rendre compte exactement de la hauteur des neiges fraî-

[1] D. A. L'entreprise est immanquable et facile. — Des hommes de sciences pratiques prêteront le secours personnel dans l'organisation, surveilleront les observations et se chargeront de la rédaction des publications. — Être confortablement logé, chauffé, éclairé et nourri en très-hautes régions des Alpes est attrayant, et certes plus d'un observateur y prendrait gîte. La première année a été faite, et prouve qu'à 3333 mètres d'altitude on vit et on respire fort à son aise. — Les observations d'une année, 1865 à 1866, ont occasionné une dépense de 12,000 fr. Pour continuer les observations, il faut deux souscriptions :

1° 15,000 fr. pour construction et ameublement du local et pour instruments d'observation.
2° 12,450 fr. par an pour les observations et leur publication très-détaillée.

chement tombées du matin au soir ou pendant la nuit, soit diurne vingt-quatre
heures, placer une large planche en sapin, surface rabotée, sur le sol ou sur
neige ancienne, observer matin et soir la hauteur de neige qui la couvre et
l'enlever. De temps en temps, par suite de fortes chutes, couper une tranche
de ces neiges fraîches sur toute la hauteur, la peser ou la faire fondre et mesurer la quantité en eau : on aura le poids spécifique, qui sera en moyenne de
8 centimètres de hauteur d'eau par 1 mètre de hauteur de neiges fraîches, soit
8 p. 100. — La neige tassée ancienne finit par arriver de 50 à 70 p. 100.

On mentionnera les premières chutes de neiges persistantes et la date où
elles disparaissent complétement par fusion.

Pour les observations de hauteur de chutes de neiges ou de pluies, les udo-
mètres donnent des hauteurs approximatives. Souvent les chutes tombent très-
inclinées, par suite des vents, et entrent imparfaitement dans le vase; dans
certaines chutes assez fortes, l'udomètre reste vide; dans d'autres circonstances, la neige se fond dans l'udomètre, tandis que sur la planche elle se
conserve.

Les hauteurs des neiges fraîches qui tombent dans l'année varient suivant
les circonstances météorologiques, les localités et l'altitude des stations.

Dans les Alpes, aux altitudes de 1800 à 2500 mètres, il tombe dans l'année
la plus grande quantité de neiges. — Nous connaissons ces hauteurs par des
observations décrites du Grimsel, 1800 mètres, à l'Abschwung, glacier inférieur de l'Aar, 2500 mètres.

La hauteur maxima des neiges tassées de l'année, avant leur fusion, depuis
1846 à 1863, a été de 3^m,50, neiges non ventées, et le minima de la hauteur
de 2 mètres : moyenne, 2^m,75. Ces 2^m,75 de neiges tassées correspondent approximativement à 16^m,50 de neiges fraîches.

Aux stations au-dessous de 1800 mètres d'altitude, les hauteurs vont en di-
minuant: il ne tombe de neiges qu'en hiver aux altitudes au-dessous de 1500
mètres, tandis que de 1800 mètres d'altitude jusqu'aux pics il en tombe dans
tous les mois de l'année.

Les chutes diurnes dans les vallées sont quelquefois très-fortes; le guide-chef
Jaun a mesuré dans le Valais, en hiver, à Obergeschelen, une hauteur de
neiges fraîches tombée en vingt-quatre heures de 2 mètres de hauteur.

Au Grimsel, au Faulhorn, au Théodule, les plus fortes chutes diurnes atteignent rarement 1 mètre de hauteur en vingt-quatre heures.

Hauteurs des neiges au col du Saint-Théodule, voyez les tableaux de ces
hauteurs, qui précèdent

Dans les citations de *hauteurs de neiges* ne sont pas comprises les hauteurs
de neiges accumulées par le vent, qui à toutes les altitudes acquièrent une
très-grande hauteur[1].

Au Grimsel, 1880 mètres d'altitude, en 1846 il est tombé une hauteur totale de 16^m,80 de neiges fraîches.

---

[1] L'article *neiges* est développé dans beaucoup de paragraphes de nos Matériaux.

Première chute persistante, le 10 novembre. Dernière chute, le 29 mai : neige tassée compacte, à la perche, 2ᵐ,40. — 7 mètres de hauteur de neige fraîche équivalent à 1 mètre de neige tassée. — Au milieu du mois de mai elle a commencé à fondre, et le 11 juin elle était complétement fondue.

Théodule. La hauteur des neiges tassées au

    9 mai,   2ᵐ,40 sur le glacier; sur le sol, 0ᵐ,80

    8 juin,   2ᵐ,10   »   »   0ᵐ,70

   11 juillet, 1ᵐ,60   »   »   fondues.

Les neiges sur glacier, le 8 juin, étaient fortement tassées, très-compactes, et avaient 2 mètres de hauteur, qui correspondent approximativement à 13 mètres de hauteur de neiges fraiches. — Sur sol, la hauteur n'est pas exacte ; elle a été en très-grande partie enlevée par le vent.

PERSISTANCE DES NEIGES.

Elle dépend des années, de l'orientation locale et surtout des altitudes.

Dans les années normales, les premières chutes de neiges persistantes tombent jusqu'à l'altitude de 1500 mètres au milieu de novembre, et sont complétement fondues en avril. De 1500 à 1800 mètres, elles sont fondues au milieu de juin. De 1800 à 2500, elles se fondent complétement au milieu de juillet, sauf les accumulations partielles entassées par le vent. Cette fonte jusqu'à 2500 mètres d'altitude est générale. Aux altitudes au-dessus de 2500 mètres, les neiges persistent dans certaines années; dans d'autres, elles fondent complétement sur la surface des glaciers fin-juillet ou commencement d'août.

De 1842 à 1864, pendant vingt-deux années que l'on a fait station au glacier inférieur de l'Aar, dans trois années la neige couvrait les glaciers toute l'année depuis l'Abschwung, 2500 mètres d'altitude, jusqu'aux cols du Finster-Aar et du Lauter-Aar. Dans d'autres années, cette couverture ne commençait qu'à 2700 mètres d'altitude, et dans six années toute les surfaces des cirques étaient débarassées de neiges, ainsi que les cols, et on passait le col de la Strahleck, du Grimsel à Grindelwald, sur glaciers découverts des deux penchants, et les glaciers simples dans les grandes Lauters étaient débarrassés de neiges, sauf des amas de neiges ventées. — Au Faulhorn il est de même ; j'ai vu le petit glacier du Faulhorn découvert, et dans d'autres années il était couvert, fin-août, de 4 à 5 mètres de neiges ventées, et de la neige sur sol, dans un couloir jusqu'au lac, à plusieurs centaines de mètres d'altitude plus bas que le glacier.

Théodule. Depuis la troisième décade de juillet jusqu'à la première décade d'octobre, la surface du glacier était à découvert, et au col (station) l'ablation totale du glacier a été de 1ᵐ,74, par suite de température élevée de l'air et de rayons solaires ardents. On passait de Zermatt en Italie sur glacier découvert avec des chevaux, des vaches et des moutons.

A toutes les altitudes, dans les Alpes, le sol n'exerce aucune fusion sur les glaces ou les neiges qui le couvrent.

Aux altitudes au-dessus de 2500 mètres, le sol est gelé dans toutes les saisons, sous les neiges anciennes qui le couvrent, et le glacier en contact avec le sol est adhérent et gelé à une certaine hauteur.

Au Théodule, le sol à l'ombre permanente est gelé dans toutes les saisons. Exceptionnellement, en été, par températures élevées et vents chauds, il dégèle à quelques millimètres de profondeur, et arrive, dans ces cas, à 1° et 2° pendant quelques heures, mais généralement seulement à zéro dégelé et humide.

La neige est l'amie par excellence des glaciers; elle les protége complétement de toute ablation, et par sa fusion elle fournit de l'eau au glacier, qu'il élabore.

La neige ne se change pas en glace bulleuse pour s'ajouter à la surface du glacier qui la supporte. Exceptionnellement le cas peut arriver, mais très-partiellement seulement, et n'a aucune influence sur l'ensemble du système glaciaire.

Le changement de neige en glace bulleuse (embryon glaciaire) peut se produire sur sol à toutes les altitudes. Il prospérera si la neige le protége.

N'oublions pas de citer des amas de neiges tassées à de très-grandes hauteurs dans certaines localités. Sur le glacier au Théodule, un peu en aval du point culminant du col, rive droite, nous avons observé une hauteur de neiges ventées, accumulées contre les parois presque verticales de la roche, d'une hauteur de 30 mètres. Nous avons reconnu que cet amas se compose d'un très-grand nombre de couches successives, qui ont des épaisseurs depuis quelques décimètres jusqu'à un mètre et plus. En contact au bas avec le glacier, la neige n'est pas adhérente, et la surface du glacier couverte de saleté.

La meilleure preuve que la neige ne se change pas en glace bulleuse sur le glacier qu'elle couvre et ne s'ajoute pas à sa surface, c'est que, dès que la neige a disparu, nous voyons partout à toutes les altitudes la surface du glacier couverte de saleté uniforme[1].

L'ablation des neiges anciennes tassées au maximum, toutes choses égales d'ailleurs, est la même que celle des surfaces de glace de glacier. Des observations nombreuses confirment ce fait.

Les ennemis mortels des neiges, surtout des neiges fraîches, sont les rayons solaires ardents et les pluies chaudes.

Par suite du rayonnement nocturne, surtout en hautes régions, les surfaces de neiges prennent de très-basses températures, de 10° et plus au-dessous de la température de l'air ambiant.

De certains auteurs ont beaucoup exagéré l'évaporation des surfaces de neiges et glaciers en hautes régions par suite de la sécheresse de l'air raréfié. — Dans le courant de l'année et dans les décades dans toutes les saisons, la condensation de l'humidité de l'air est plus forte que l'évaporation.

Au Théodule, dans l'année, évaporation . . . . 3147 heures.
sur surfaces neiges ou glaciers, condensation 5613   »

[1] D. A. Cette *vérité fondamentale* on ne saurait trop *la mentionner*. — Des amis diront : «Ce sont de vos idées fixes!» Je réponds : «Munissez-vous de pioches et de pelles; creusez, et nous serons d'accord.»

Souvent les condensations de givre équivalent à une chute de neiges fraîches de plusieurs centimètres de hauteur, et les évaporations sont généralement faibles. — On peut admettre que dans l'année la condensation est dix fois plus forte que l'évaporation.

GRÉSIL. — Chutes de neiges sous forme de grains, se produisant à toutes les altitudes et en hautes régions dans toutes les saisons. Elle ne sont pas abondantes ni de longue durée.

GRÊLE. — Par suite d'orages dans les vallées. En hautes régions, elle ne se produit pas.

VERGLAS. — Le verglas se produit de quatre manières, à toutes les altitudes :

a. Des gouttes de pluie, tombant sur sol ou matières gelées qui ont une basse température, couvrent les surfaces d'une couche de glace glissante.

b. Des gouttes de pluie très-froides, en tombant sur le sol, éclatent et forment une couverture glacée [1].

c. Par suite de fortes condensations, la surface des glaciers se couvre d'une faible couche gelée très-glissante.

d. Dans la journée, par suite de températures élevées et rayons solaires, les surfaces de glaciers sont très-humides; la nuit, cette humidité gèle, et la surface est un véritable verglas, très-glissant, très-gênant et dangereux pour les touristes.

Au pavillon de l'Aar et dans nos excursions, nous avons observé ces quatre espèces de verglas.

ARCS-EN-CIEL. — Se produisent rarement dans les hautes régions. Ne sont pas signalés au Théodule.

TONNERRE. — A toutes les altitudes on entend le tonnerre plus ou moins éloigné.

ÉCLAIRS. — Se voient à toutes les altitudes. Tonnerre et éclairs sont signalés au Théodule.

FOUDRE TOMBE. — Pas signalé au Théodule. Au glacier inférieur de l'Aar, j'ai vu la foudre tomber sur roche, à 2800 mètres, vis-à-vis du pavillon. **De Saussure** et d'autres observateurs ont vu des roches foudroyées à de très-grandes altitudes.

TEMPÉRATURES DE L'AIR AMBIANT.

Dans les stations fédérales suisses, les observations des températures à ombre sont bi-horaires aux stations où il y a un observatoire météorologique. A Berne, il y a un appareil enregistreur. Aux autres stations, le thermomètre

---

[1] D. A. L'eau dans un vase exposé en plein air sur une table, le soir, par temps froid, air calme et rayonnement nocturne, avait le matin, au soleil levant, une température de — 6° se trouvait à l'état liquide; quand on l'agitait avec le thermomètre, des parcelles de glace se sont formées et le liquide et descendu à 0°.

est lu : à **7** matin, **1** et **9** soir. A aucune des stations il n'y a de thermomètre maxima et minima à index (curseur); celui du Saint-Bernard est généralement hors de service. Aux observatoires dans la plaine, des maximas et minimas fonctionnent.

Les thermomètres des stations suisses sont de construction parfaite : boule isolée, de petite dimension; gradués par cinquième de degrès très-lisibles, le zéro souvent vérifié par des inspecteurs.

Ces instruments sont-ils exposés pour dire la vérité? sont-ils constamment à l'abri de neiges ou pluies, placés dans une cage à l'ombre permanente, et pas influencés par les parois de cette cage, qui est généralement exposée aux rayons solaires une grande partie de la journée? — Je réponds franchement : l'exposition laisse généralement à désirer [1].

Pour le système glaciaire et la végétation, la lecture du thermomètre à l'ombre ne suffit pas. La clarté et surtout les rayons solaires ont une très-grande influence sur tous les corps, et il est très-important d'en tenir compte. De plus, on notera journellement l'heure à laquelle le soleil apparaît à l'horizon et l'heure à laquelle il se couche. On inscrira dans les tableaux le nombre d'heures de rayons solaires dans la journée.

Placez des thermomètres à alcool incolore horizontalement, boule isolée, à l'ombre permanente et en plein soleil. Mettez des thermomètres dans la surface du sol, à l'ombre et au soleil. Exposez des craies en poudre blanche et noire, placez-y des thermomètres. Faites les lectures, dans des moments de soleil, de cette collection de thermomètres, et vous trouverez des différences très-grandes. Par temps couvert, elle sera très-faibles [2].

Au Théodule, la température de l'air est observée au thermomètre abrité à l'ombre permanente, en été, à soleil levant; dans les autres saisons, à 6, 7, 8, 10, midi, 1, 2, 4, 6, 8, 9. Lectures bi-horaires, et en sus à 7, 1, 9, suivant prescription fédérale. Matin et soir on fait la lecture des thermomètres maxima et minima à curseur.

Quand on établit les moyennes par lectures bi-horaires et interpolation de nuit, par 7, 1, 9, trois lectures, et par moyennes des extrêmes, les chiffres diurnes pour une journée varient; pour la décade, la variaion est faible, et pour le mois les trois moyennes sont concordantes.

Maxima et minima à curseur (index), correctement gradués et bien exposés, sont un excellent contrôle et facilitent les interpolations de nuit.

Outre ces lectures, fort souvent on tourne le thermomètre en fronde à l'ombre, surtout dans de belles journées, par rayons solaires, pour le comparer avec celui tourné en fronde en plein soleil.

[1] D. A. Quand on ne fait que trois lectures diurnes, et qu'on veut arriver à la vérité de l'air ambiant à l'ombre, il conviendrait de tourner le thermomètre en fronde dans l'air à l'ombre positive. J'engage les observateurs à faire de temps en temps cette lecture, surtout à une heure de l'après-midi, par beau temps, et ils seront étonnés de trouver une forte différence avec le thermomètre en cage.

[2] Voyez, dans les tableaux météorologiques qui précèdent, des citations nombreuses.

Tourner le thermomètre en fronde en plein soleil. Poser un thermomètre à alcool incolore, bien gradué, horizontalement en plein soleil[1].

Le zéro des thermomètres doit être vérifié de temps en temps, surtout ceux de construction récente, ou ceux qui ont été exposés à des changements de température brusques. — Pour vérifier le zéro dans la neige ou la glace fondante, il faut se placer dans l'obscurité; la clarté et les rayons solaires ont une influence sur la boule à travers neige et glace. Il faut enfoncer le thermomètre jusqu'à la gradation de zéro et serrer le réfrigérant contre la boule.

Tous les thermomètres, sans exception, doivent être à boule isolée; les degrés gravés sur tiges, ou dans un tube en verre, à distance de la boule. Dans le haut on établira un réservoir d'air assez vaste pour y faire monter le mercure ou l'alcool de la colonne en cas de séparation par bulles d'air.

Pour observations spéciales et de précision, M. Baudin, opticien, rue Saint-Jacques, 330, à Paris, fabrique des thermomètres de tout genre : thermomètres à déversement, à index, horizontals et verticals, échelles arbitraires, sensibles au centième ou millième de degré etc. etc.

Signalons un thermomètre métallique à spirale, construit par Herrmann et Pfister, à Berne. Il fonctionne à l'Observatoire de Berne et fait partie de l'appareil enregistreur. Sa marche est très-régulière et concordante avec le thermomètre. Cet instrument a trois aiguilles : l'une indique la température présente, les autres le maxima et minima que l'instrument a subi dans un temps donné; la lecture est plus facile qu'au thermomètre ordinaire, et les aiguilles des extrêmes se mettent en place, sans qu'on déranger l'instrument. Le prix est de 25 fr.

TEMPÉRATURES DU SOL, DES NEIGES ET GLACIERS.

La différence de température des corps exposés à l'ombre permanente ou en plein air est très-grande, suivant les circonstances atmosphériques. Il est de la plus haute importance de se rendre compte de ces influences, et certes, jusqu'à ce jour, on les a généralement négligées; les tableaux météorologiques n'en font pas mention.

Pour établir l'influence des températures de l'air sur la végétation : fruits, céréales, arbres fruitiers, vignes etc., on a observé le nombre de jours écoulés depuis la floraison jusqu'à la récolte. On a additionné les degrés de températures bi-horaires observées, et on a conclu qu'il a fallu un nombre de degrés de chaleur déterminé. L'année suivante, le nombre de degrés et le temps n'étaient plus concordants. Par le même nombre de degrés de température, la récolte s'est faite dix jours plus tard.

Si les végétaux observés étaient exposés à l'ombre permanente, comme le thermomètre, abrités des rayons solaires et du rayonnement nocturne, en un mot, dans les mêmes conditions que le thermomètre, et de plus non abrités dans

---

[1] D. A. La dilatation de l'alcool n'est pas régulière comme celle du mercure. Les thermomètres à alcool doivent être gradués d'après un thermomètre à mercure étalon très-exact.

les moments de pluie, il est plus que probable que chaque année le nombre de degrés et le temps de floraison à fruit ne différeraient pas, si les vents et l'état hygrométrique sont approximativement les mêmes. Dans tous les cas, le calcul serait juste.

Mais ce n'est pas ainsi que se passent les choses en plein air. Il ne s'agit pas de températures de l'air à l'ombre; il faut tenir compte des températures de l'air au soleil, de son influence sur le sol et sur les troncs et branches du végétal, sur le fruit; observer la température d'un thermomètre placé horizontalement, tenir compte du rayonnement nocturne, de la rosée, des pluies, de l'état hygrométrique de l'air et des vents, de l'orientation du végétal etc. etc.

Pour faire ces recherches, il faut des observateurs persévérants, qui ont du savoir-voir.

Par temps couvert, ombre, la surface du sol, les branches d'arbre, les fruits ont la même température que l'air ambiant; survienne une belle journée, ciel clair, calme, rayons solaires ardents, à 4 h. soir on lira au thermomètre à l'ombre 28°; des boules de thermomètre fixées dans des branches d'arbre d'un diamètre de quelques centimètres indiqueront 40° et plus. Le sol sera très-chaud.

Depuis vingt-cinq années, à ma campagne de Riedisheim, près Mulhouse, les cerisiers fleurissent du 12 au 16 avril toutes les années. Les anciens calendriers allemands (*Messagers boiteux*) portent **DANIEL** au 16 avril, c'est mon nom de baptême. Nous fêtons cet anniversaire en famille, et plaçons sur la table du banquet des bouquets de branches de cerisiers en fleurs complètes. Lorsque la floraison est incomplète à cette époque, en retard, je m'amuse à placer un grand nombre de branches plusieurs jours auparavant dans un baquet d'eau légèrement salée: je les expose dans la chambre aux rayons solaires près de la fenêtre, en chauffant la chambre, et pour le jour de Daniel tous sont en fleurs complètes magnifiques, tandis qu'aux arbres elles sont encore incomplètes.

L'influence des rayons solaires sur les végétaux et les matières gelées en hautes régions des Alpes est infiniment plus forte que dans les vallées. — Voyez les citations nombreuses qui précèdent, et celles mentionnées dans nos Matériaux.

GLACIERS[1].

1815. **J. P. Perraudin** dit à **M. de Charpentier**, géologue et directeur des mines et salines du canton de Vaud : « Les glaciers de nos montagnes ont eu jadis une bien plus grande extension qu'aujourd'hui. Toute notre vallée, jusqu'à une grande hauteur au-dessus de la Dranse (torrent de la vallée), a été occupée par un vaste glacier qui se prolongeait jusqu'à Martigny, comme le prouvent les blocs de roches qu'on trouve dans les environs de cette ville et qui sont trop gros pour que l'eau ait pu les y amener. » — Ce simple montagnard, en homme de bon sens, a établi la théorie du transport des matériaux erratiques par les anciens glaciers. **M. de Saussure** signale les mêmes faits et conclut néanmoins : « que le terrain erratique et les gros blocs sur le Jura ont été transportés par des courants d'eau monstres. »

Le savant **Plaifair**, en 1815, et le grand **Gœthe**[2], en 1829, attribuaient aussi à des glaciers le transport des débris erratiques ; mais ni l'un ni l'autre n'ont développé leur opinion, ni cherché à l'appuyer par des faits.

Les conjectures formulées par **Perraudin**, en 1815, ont été prises en considération par **M. de Charpentier** : il a étudié les glaciers en activité, le terrain erratique, et ce n'est qu'au bout de vingt-six années, en 1841, qu'il a publié un volume in-8°, 363 pages et planches : *Essai sur les glaciers et le terrain erratique du bassin du Rhône.*

L'ancienne extension des glaciers, le transport des matériaux transportés sur leur dos et déposés directement lors de leur fusion, ont été successivement admise par les naturalistes suisses, anglais, américains etc. ; en Allemagne, depuis le rappel (décès) de **M. Léopold de Buch.**

En France, un grand nombre de géologues et d'ingénieurs des mines ne sont pas indépendants pour renoncer au transport par des torrents boueux monstres.

A Fourbière, au-dessus de Lyon, on voit sur sol des blocs de protogine qui proviennent des sommités des Alpes. On est en droit de demander d'où venaient ces torrents de boues qui les auraient transportés, et dans quelles circonstances ces matériaux se sont-ils arrêtés à cet emplacement?...

[1] D. A. Abrégé d'observations positives des glaciers en activité, conclusions et théories, voyez *Matériaux pour l'étude des glaciers*, t. V, 1re, 2e et 3e partie, 3e vol. et vol. antérieurs.

[2] « Zuletzt wollten zwei oder drei stille Gäste sogar einen Zeitraum grimmiger Kälte zu Hilfe rufen, und aus den höchsten Gebirgszügen, auf weit ins Land hingesenkten Gletschern, gleichsam Rutschwege für schwere Ursteinmassen bereitet, und diese auf glatter Bahn fern und fern hinausgeschoben im Geiste sehen. Sie sollten sich bei einer andern Epoche des Aufthauens niedersenken und für ewig in fremdem Boden liegen bleiben » (Göthe, Wilhelm Meisters Wanderjahre, t. II, ch. X, édition, 1829).

Pout tout observateur qui est assez indépendant pour oser soutenir et publier ce qu'il a vu et observé, les anciens glaciers ont fait le transport des matériaux erratiques sur leur dos, et les ont déposés, tel que le font les glaciers encore en activité.

Des glaciers étendus, à diverses époques, ont inscrit leur passage sur les roches; ils les ont rabotés, moutonnés, rayés, burinés et polis, ainsi que le font encore les glaciers en activité [1].

On est en droit de poser la question : «Les glaciers en activité de nos jours sont-ils les restants (les diminutifs) des anciers glaciers monstres? »

Réponse : «Il n'est pas à ma connaissance que cette question ait été posée ni discutée; aucun auteur ne la cite. — Personnellement, individuellement, prenant l'initiative, je pense que les anciens glaciers ont successivement diminué d'étendue; ils ont complétement disparu dans un grand nombre de chaînes de montagnes, en Écosse, dans les Vosges, la Forêt-Noire, le Jura, en Espagne etc. etc., même dans les Alpes jusqu'à une certaine altitude. Dans les hautes régions, les glaciers composés de plusieurs affluents avaient considérablement diminué, mais ont toujours existé. Certes, il y a longtemps, bien longtemps depuis cette époque, et cette glace proprement dite de ces anciens glaciers, il y a longtemps, très-longtemps que, par le mouvement d'amont en aval, elle s'est fondue. — Du temps des anciens glaciers monstres, leur base était adhérente au sol, fortement gelée aux altitudes dans les Alpes au-dessus de 2500 mètres, limite des polis, et il en est encore de même aujourd'hui. »

L'embryon glaciaire, dans de certaines circonstances atmosphériques actuelles, peut se former et prospérer à toutes les altitudes, si la surface reste couverte et est protégée par une couverture de neige.

La couverture de neiges protége la surface des glaciers de toute ablation; l'eau de fusion de ces neiges, qui pénètre dans leur intérieur, est élaborée, et ils augmentent de volume, aussi longtemps que cette couverture existe; dès que leur surface est à découvert, la chaleur et surtout les rayons solaires font de fortes ablations, dont l'eau entre de même dans le glacier et le nourrit; la fonte de surface est plus forte que l'élaboration.

Les glaciers monstres ont dû leur existence à des chutes de neiges hors ligne, qui se sont conservées en permanence sur leur surface nombre et nombre d'années, à toutes les altitudes. En été, elles se fondaient d'une certaine hauteur, sans disparaître complétement, et l'eau de fusion les nourrissait.

Si pendant une certain nombre d'années les chutes étaient seulement du double de ce qu'elle sont maintenant, la surface moyenne augmenterait de la même hauteur que l'ablation qu'elle subit aujourd'hui, soit 2 à 3 mètres par an, suivant les localités et altitudes, et ils prendraient une forte extension. — Preuve de ce fait : les glaciers qui conservent des amas de matériaux d'une certaine hauteur, répandus uniformément à leur surface aux pentes qui les

---

[1] Schiller dit : „Wo Menschen schweigen, müssen Steine reden.“

protégent contre les fortes ablations terminales, envahissent du terrain ; ils progressent ou, comme ont dit, ils avancent, tandis que ceux à surface découverte, toutes choses égales d'ailleurs, diminuent à la pente terminale, ils reculent.

Les neiges sont les amies des glaciers, elles les protégent, les nourrissent par leurs eaux de fusion. — Les ennemis destructeurs des glaciers, lorsque leur surface est découverte, ce sont les températures élevées de l'air, les vents chauds, les pluies et surtout les rayons solaires, qui en hautes régions sont très-intenses.

Dans toutes les saisons et à toutes les altitudes, le sol n'exerce aucune influence de fusion (de fonte) sur les neiges et les glaciers qui le couvrent.

Aux altitudes au-dessus de 2500 mètres[1], dans les Alpes, le sol dans toutes les saisons, sous les glaciers, est gelé, et la surface de glace y est adhérente.

Aux mêmes altitudes, sous les neiges anciennes, tassées, on trouve sur sol une couche de glace bulleuse, embryon glaciaire, de même adhérent, gelé au sol. — L'eau de fusion de la neige qui couvre cette glace s'écoule sur cette surface, et celle qui n'est pas élaborée coule entre la partie de glace gelée et celle non gelée.

Par suite de nuits ou journées froides ou couvertes, sans ablation, il ne sort pas d'eau ni des neiges tassées ni des petits glaciers sur pentes. Nouvelle preuve que le sol n'a pas d'influence.

Au-dessus de 2500 à 2600 mètres on ne trouve plus de roches usées, moutonnées, striées ni polies. Par suite de cette importante observation, les roches polies n'indiquent pas la hauteur maxima locale qu'avaient atteinte les anciens glaciers, puisqu'ils sont adhérents, gelés au sol qui les supporte.

Au-dessus de ces altitudes, nous pouvons supposer qu'ils couvraient tous les points culminants des Alpes d'une grande hauteur.

Par suite de cette même observation, les limites des moraines, blocs et matériaux erratiques, à distance des glaciers actuels, ne sont pas non plus les limites de leur grande extension. Couvrant toutes les roches, et y étant adhérents, il ne tombait pas de matériaux sur leur dos, ils ne pouvaient pas en transporter ni en déposer. — Partiellement les glaciers arrachaient des roches du sol et les transportaient ; mais ces blocs, par suite du transport et des frottements, s'arrondissaient.

En règle générale, ce qui caractérise les matériaux erratiques que l'on trouve sur sol, c'est qu'ils sont à angles vifs. Ceux transportés par les courants d'eau sont arrondis.

Action de l'eau. A la pente terminale du glacier inférieur de l'Aar, la surface de la pente est couverte de matériaux anguleux de diverses grandeurs, qui roulent ou bondissent à une certaine distance en aval du terminus du glacier ; par suite de crues d'eau, ils sont entraînés et s'arrondissent si promptement, qu'à quelques centaines de mètres en aval on ne trouve que des galets arrondis plus ou moins volumineux.

D. A. 2500 à 2600 mètres, suivant les orientations et expositions locales.

Dans l'Aar-Boden, en aval du glacier, et du Grimsel à la Handeck, on voit des surfaces de granit compacte à peu de hauteur au-dessous des basses eaux, unies, polies ; mais ce poli est tout autre que les roches polies par les glaciers. Les courants d'eau et les sables et galets qu'ils charrient enlèvent aux roches les marques qu'y avaient laissées les glaciers. — Ajoutons encore que lorsque des éboulements de roches délitées se produisent, les matériaux sont anguleux, plus ou moins écornés ; mais lorsque c'est par suite de courants que ces éboulements se produisent, les matériaux sont ronds après un très-court trajet.

MARCHE, MOUVEMENT DES GLACIERS [1].

L'inclinaison du sol, la pente qui supporte les glaciers, n'a aucune action spéciale sur la marche.

La marche, la progression des glaciers est générale et surtout locale. Elle est en raison de la hauteur de la glace de sol à surface.

En alignant transversalement des pieux espacés à certaines distances d'une rive à l'autre, pieux forés dans le glacier, on voit au bout d'un certain temps que ces perches ne sont plus alignées. Dans les grands glaciers, composés de plusieurs affluents, les pieux du milieu avancent généralement plus vite que ceux du bord. Et à même distance des rives, suivant la localité, tantôt le pieu de rive gauche ou celui de rive droite marche plus vite que l'autre. — Des alignements dans de petits glaciers simples, à fortes pentes, terrain accidenté, la marche la plus accélérée est très-variable : tandis c'est qu'à d'autres emplacements le pieu de rive gauche ou de rive droite marche le plus vite, celui du milieu le plus lentement.

Par suite de sondages dans des crevasses, dans des puits ou caveaux des glaciers, nous avons positivement reconnu que la marche est en raison de la hauteur locale de sol à surface.

Des observations nombreuses, d'hiver et d'été, et des observations de jour et de nuit nous disent que dans toutes les saisons la marche est régulière pour un point donné.

Pour d'autres observations glaciaires, surtout au Théodule, voyez les tableaux et annotations qui précèdent.

EMBRYON GLACIAIRE.

I. A. Toute eau gelée solidement est un embryon glaciaire, un commencement de glacier. Peu importe la provenance de cette eau gelée. Eau de pluie, de sources, de neiges, de neiges très-aqueuses gelées. — Par suite de cette théorie, on peut appeler *embryon glaciaire* le grésil, la grêle, qui se forment pendant leur chute : ce sont des glaciers microscopiques touristes. Les autres sont de même des glaciers microscopiques tout formés [2].

[1] D. A. Voyez les tableaux nombreux dans nos Matériaux.

[2] D. A. Un *Pinus cembra* qui lève de semence en hautes régions, et qui a quelques millimètres de hauteur, est un *Pinus* microscopique. Par suite de circonstances favorables, il prospère, grandit et vit dix siècles et plus. Il en est de même du glacier microscopique. Le *Pinus* élabore la sève en sa propre substance ; le glacier élabore l'eau dans ses fissures capillaires.

Ces glaciers microscopiques peuvent se former dans de certaines circonstances météorologiques à toutes les altitudes. Ils prospéreront, grandiront à une *condition essentielle* : c'est d'être couverts d'une couche de neige après ou pendant leur formation. Cette couverture les préserve de fusion; si elle fait défaut, ils sont réduits en eau et disparaissent (anéantissement, mort). Non-seulement les neiges qui les couvrent les protégent, mais, par leur fusion partielle, l'eau pénètre dans les fissures capillaires et est élaborée.

Glaciers fugitifs. — Ceux qui ont une durée très-limitée, qui disparaissent promptement et dont l'existence ne dépasse pas une année. — Répétons qu'à toutes les altitudes et dans toutes les saisons le sol n'a pas d'action de fusion sur les neiges qui le couvrent d'une certaine hauteur, ni sur les glaciers en contact.

Glaciers temporaires. — Ceux qui se maintiennent d'une année à l'autre au minimum, et généralement un certain nombre d'années, aux altitudes audessus de 2500 mètres. Au-dessous de cette altitude, ils sont tous généralement fugitifs et disparaissent toutes les années. — Très-exceptionnellement et partiellement, par suite d'accumulation de neiges ventées ou d'avalanches, ils ont plus de durée.

Glaciers persistants. — Ceux qui ont un certain développement et que l'on voit en activité, ce que l'on appelle de mémoire de génération en génération successive.

Glaciers remaniés (régénérés). — De certains glaciers en hautes régions, situés sur des pentes ou anfractuosités de terrain abrupt, par suite de leur accroissement, les glaces à leur pente terminale se détachent, roulent en avalanches, se réunissent au bas, se ressoudent et forment un nouveau glacier régénéré. On peut aussi leur donner le nom de *glaciers d'avalanche.*

Glaciers simples. — Ceux qui n'ont pas d'affluents. Leur étendue est généralement limitée. De là la dénomination de *petits glaciers.* Les uns restent isolés; d'autres rejoignent le grand glacier qui se trouve à leur base ; tels que les glaciers simples sur rive droite du glacier inférieur de l'Aar, tandis que ceux dans les hauteurs de rive gauche, exposés au sud, restent dans les hauteurs. — L'orientation a une grande influence sur les glaciers.

Glaciers composés[1]. — On les nomme aussi *grands glaciers.* Ils sont formés par la réunion de plusieurs glaciers simples, fort souvent d'un trèsgrand nombre, tel que le glacier inférieur de l'Aar, dont les affluents sont :

Affluents du Lauter-Aar : trois affluents du Lauter-Aar, un du Schreckhorn, deux de l'Abschwung. — Affluents du Finster-Aar, Strahleck, Mittelgrat, Finster-Aar, Altmann, Grunerhorn : deux de Studerhorn, Scheuchzerhorn. Total, huit affluents.

Glaciers sous sol. — Sous cette dénomination sont compris les glaciers qui se trouvent dans les sommités de montagnes volcaniques, qui sont totale-

---

[1] D. A. M. DE SAUSSURE les appelait *glaciers de première classe* (ou *ordre*), et il désignait les glaciers simples par *glaciers de seconde classe.*

ment couverts de laves par lesquelles ils sont protégés contre l'ablation, étant elles-mêmes couvertes de neiges plus ou moins persistantes ; leur eau de fusion les maintient et les fait prospérer.

Glaciers sur eau. — Glaces flottantes, qui sont de véritables glaciers voyageurs, et la couverture gelée des lacs en hautes régions.

Glaciers de cavernes. — Des glaces persistantes, de vrais petits glaciers ; ils sont signalés dans diverses chaines de montagnes : dans les Alpes, les Vosges, le Jura etc.

Glaciers nouveaux. — Dans diverses localités en hautes régions des Alpes on signale des emplacements où l'on a vu jadis (de mémoire d'homme ou de génération) le sol à découvert ; des glaciers se sont formés et persistent.

Glaciers disparus. — Ainsi que de nouveaux glaciers se forment, de même d'autres, les deux catégories en petite quantité, disparaissent par fusion.

GLACIERS EN ACTIVITÉ.

FORMATION DES GLACIERS.

ANCIENNE THÉORIE GLACIAIRE.

De Saussure, 1764 ([1]) : Il est évident qu'il doit s'accumuler une immense quantité de neiges dans le fond des hautes vallées des Alpes; non-seulement parce que, pendant neuf mois de l'année, toute l'eau qui, dans les régions inférieures, sous la forme de pluie, ne tombe dans ces hautes vallées que sous la forme de neige, mais encore parce que les pentes rapides des montagnes qui les entourent versent dans leur sein toutes celles qu'elles reçoivent; car les rochers nus et escarpés ne pouvant pas retenir les neiges qui s'entassent sur leurs flancs, elles glissent et forment des avalanches, ou sont déplacées par le vent.

([2]) Les neiges accumulées par ces deux causes dans le fond des hautes vallées, condensées par leur chute et par la pression, demeurent là presque sans aucun changement, jusqu'à ce que la chaleur du soleil et les vents chauds de l'été

D. A. 1869. — De 1764 à 1869 plus d'un siècle s'est écoulé. Les théories et conclusions citées par M. DE SAUSSURE ont subi des changements par suite d'observations nombreuses, transmises par les naturalistes-glaciéristes qui ont séjourné en hautes régions des Alpes. Je les signale en annotations successives.

([1]) Dans les hautes régions des Alpes, non-seulement la pluie tombe à l'état de neiges pendant neuf mois, mais au-dessus de 2000 mètres d'altitude il neige fréquemment en été, et ces neiges d'été sont quelquefois d'une grande hauteur. Au pavillon de l'Aar, en 1840, fin-août, j'ai vu tomber en vingt-quatre heures 0m,60 de hauteur de neiges fraîches. A 3000 mètres d'altitude, l'eau tombe à l'état de pluie très-exceptionnellement et en petite quantité. Au Théodule, 3333 mètres, les observateurs en station signalaient plusieurs chutes de pluie faibles, généralement entremêlées de neiges aqueuses; ils ont même vu de la pluie faible tomber au Mont-Cervin (Matterhorn). Moi-même j'en ai vu tomber sur les points culminants du Finster-Aarhorn et des Schreckhœrner qui dominent les glaciers de l'Aar. Ce sont de rares exceptions.

([2]) Les neiges fraîches sont par de forts vents enlevées sur les pentes et accumulées dans les cirques. Les neiges anciennes tassées sont de même souvent déplacées, surtout en très-hautes régions, où la violence du vent est quelquefois *ferocississimo*. — Les avalanches de neiges, en très-hautes régions, sont rares. Dans certaines localités, les neiges ventées arrivent à une très-grande hauteur.

tempèrent le froid naturel à ses hautes régions et résolvent une partie de ces
neiges. Je dis une partie, car, puisque les avalanches qui tombent dans des
vallées assez basses et assez chaudes pour y être cultivés ont quelquefois de
la peine à se fondre pendant tout le cours de l'été, on juge bien que celles qui
tombent dans les hautes vallées, inhabitables et incultes, à cause du froid qui
y règne, ne peuvent jamais se fondre entièrement.

(¹) Il reste donc dans ces vallées, même à la fin de l'été, de grands amas de
neiges que les chaleurs n'ont pu dissoudre, et ce sont les mêmes neiges qui,
s'abreuvant des eaux de pluie et de neiges fondues, se gèlent pendant l'hiver et
forment ces glaces poreuses dont les glaciers sont composés.

(⁴) J'ai vu souvent, à la fin de l'été, ces amas de neiges condensées par leur
poids et par l'eau qu'elles ont absorbée, couvrir les glaces anciennes, contracter
comme elles de larges et profondes crevasses, et n'en différer que par un degré d'opacité et d'incohérence, que les froids de l'hiver ne manquent point de
leur enlever.

(⁵) C'est un fait connu dans les Alpes : toutes les fois que vous rencontrez une
grande avalanche qui a résisté aux chaleurs de l'été et qui est enfermée dans
un fond où l'eau peut s'arrêter, vos guides vous disent : «Ces neiges seront
des glaces au printemps prochain.» — Cette explication de la formation des
glaciers paraît si simple et si naturelle, que l'on n'imaginerait pas qu'il pût
en exister une autre. On sera donc bien étonné qu'un auteur moderne (voyez
le *Journal de physique*, mai 1779) en ait proposé une qui est diamétralement
opposée.

(⁶) Il croit que les glaciers se forment non point pendant l'hiver, mais pendant
l'été, et même dans les plus grandes chaleurs. Cet observateur, d'ailleurs très-
habile, a vu quelques couches de glace, formées accidentellement à la suite de

---

(³) Les neiges de l'année et celles tassées, qui couvrent les glaciers en très-hautes régions,
dans certaines années fondent totalement et laissent la surface des glaciers qu'elles couvraient à nu.

(⁴) Les neiges qui couvrent les glaciers peuvent exceptionnellement et partiellement se convertir en glace bulleuse et s'ajouter à la surface de glace; mais généralement ce fait n'a pas
lieu, et cet ajoutage partiel de très-peu d'étendue n'a aucune influence sur l'ensemble des
glaciers....

(⁵) Cette manière de voir des guides cités diffère complétement de celle des guides de l'Oberland bernois. J'ai souvenir que le guide WÆHREN, qui a séjourné en station sur le glacier de
l'Aar avec HUGI, plus tard avec MM. AGASSIZ, DESOR et leurs amis et collègues, plus tard avec
moi, au pavillon de l'Aar, disait en 1846: «En hautes régions, la neige en contact avec la
roche peut se convertir en glace bulleuse, gelée dans les grandes hauteurs, puisque le sol
qu'elle couvre est gelé toute l'année; mais jamais sur la surface des glaciers cette glace bulleuse gelée ne se produit pour s'ajouter à la glace du glacier, parce qu'elle n'est plus gelée
quand la neige fond. Toutes les surfaces de glaciers découverts sont couvertes uniformément
d'une couche de saleté, et si cet ajoutage se faisait, la surface serait propre,» et il ajoutait :
«Partiellement et exceptionnellement le fait se produit, mais seulement en plaques isolées.»
C'est un guide intelligent, qui certes avait le savoir-voir, qui a signalé ce fait capital.

(⁸) Cet observateur habile cité, qui a fait opposition à la manière de voir de M. DE SAUSSURE,
était dans le vrai.... — L'embryon glaciaire se forme en été sur sol.

quelques nuits fraîches, au haut d'un des glaciers de Chamounix, et il en a
conclu que tous ces énormes amas de glace sont produits par la congélation
qui se fait, les nuits d'été, des eaux de neiges fondues pendant le jour....

(7) Les glaciers de second genre, ceux qui ne sont pas renfermés dans des
vallées, mais étendus sur le penchant des hautes sommités, ont à peu près
la même origine. Souvent leur cause première est un avalanche de neige qui
s'est arrêtée sur des rocailles et des débris entassés au pied d'un rocher escarpé. D'autres fois la neige même, telle qu'elle est tombée du ciel, s'accumule
à la longue, lorsque la pente de la montagne n'est pas assez rapide pour la
faire glisser sous la forme d'avalanche. — Ces neiges, comme celles qui forment
les glaciers du premier genre, se fondent en partie durant les chaleurs de l'été;
l'eau qui est le produit de cette fonte pénètre et imbibe celles qui n'ont pas eu
le temps de se résoudre; et les froids de l'hiver, les surprenant dans cet état,
les convertissent en glace.

Mais, dans les glaciers de ce genre, l'eau qui détrempe les neiges et qui aide
leur conversion en glace, n'étant pas retenue comme dans le fond des vallées,
il arrive souvent que les neiges ne sont qu'imparfaitement abreuvées d'eau,
et que, par cette raison, la glace qui en résulte est encore plus poreuse et
moins liée que celles des glaciers du premier genre. On en trouve même dont
l'incohérence est telle qu'il est permis de douter si l'on doit leur donner le
nom de *glace* ou de *neige*.

S'il pouvait rester encore quelque doute sur l'origine des glaciers, ces dégradations entre les neiges proprement dites et les vraies glaces achèveraient de
démontrer celle que je leur ai attribuée; car on voit à l'œil, en suivant ces
nuances, que c'est toujours la neige qui forme la base de ces glaciers : on reconnaît dans les plus denses comme dans les plus rares la même structure,
des pores de la même forme, et on voit clairement que leur plus ou moins de
densité ne vient que de la plus ou moins grande quantité d'eau qui les abreu-
vait dans le temps de leur congélation.

(8) J'ai dit plus haut que sur les cîmes des montagnes isolées on ne trouve
jamais rien que des neiges; cependant quelques naturalistes croient que celles
qui sont très-élevées, le Mont-Blanc par exemple, sont couvertes de glaces
vives. — Il est impossible que, dans une région aussi élevée, et par conséquent aussi froide, il se fonde une quantité de neige suffisante pour abreuver
d'eau toute la masse des neiges qui ne peuvent point se fondre. Ce n'est qu'à
une certaine distance, au-dessous de la cîme, qu'il se rassemble assez d'eau
pour lier les molécules de la neige et pour leur donner une consistance qui
approche de celle de la glace.

(7) Glaciers de second ordre sont des glaciers simples; glaciers de premier ordre, glaciers
composés, réunion de plusieurs affluents. — La conversion des neiges en glace ne se produit
pas à la surface des glaciers.

(8) Les naturalistes qui croient que les sommités des Alpes, le Mont-Blanc et autres, sont
couvertes de glaciers au-dessous des neiges qui les couvrent, sont dans le vrai.

Enfin, si ces observations et ces raisonnements ont besoin d'être confirmés par une autorité, j'alléguerai celle de **M. Gruner** : «Sur les hautes montagnes, dit-il, et sur leurs sommets couverts de neiges, on ne trouve aucune glace proprement dite, mais une neige vieille et durcie» (*Description des glaciers de la Suisse*, p. 314).

D'après tout ce que l'on vient de lire sur la formation des glaciers, on serait tenté de croire que ces neiges qui s'accumulent toujours, qui ne diminuent jamais en été autant qu'elles augmentent en hiver, et qui se convertissent en glaces plus solides encore et plus durables, devraient croître, et même très-rapidement, en épaisseur et en étendue. — Heureusement la nature a mis des bornes à leur accroissement.

(⁹) Le soleil, les pluies, les vents chauds travaillent pendant l'été à les détruire; et l'évaporation, dont l'action sur les glaciers, et plus encore sur les neiges, est très-considérable, principalement dans un air raréfié, dissipe, même dans les plus grands froids, une quantité considérable de toutes ces matières.

Mais ces causes ne retarderaient que faiblement les accroissements annuels des neiges et des glaces, s'il n'en existait pas deux autres dont je n'a pas encore parlé, et qu'il faut développer pour compléter cette esquisse de la théorie des glaciers.

(¹⁰) L'une de ces causes est la chaleur intérieure de la terre, qui fait fondre les neiges et les glaces, même pendant les froids les plus rigoureux, lorsque leur épaisseur est assez grande pour préserver du froid extérieur les fonds sur lesquels elles reposent.

Une autre cause qui s'oppose avec beaucoup d'efficacité à une accroissement excessif des neiges et des glaces, c'est leur pesanteur, qui les entraîne avec une rapidité plus ou moins grande dans les basses vallées, où la chaleur de l'été est assez forte pour les fondre.

(¹¹) Aux glaciers de l'Aar, les cîmes sont terminées, comme à Chamounix, par des crénaux à angles vifs et par des formes hardies et prononcées. Plus bas, les roches sont arrondies par l'action des pluies, des neiges, des glaces, des pierres même qui, en glissant et roulant sur elles, leur ont donné ces formes arrondies.

Mouvement progressif des glaciers.

....Quand on considère que les glaciers reposent sur des plans inclinés, qu'il coule sous eux des torrents d'eaux qui les fondent par en bas, les détachent

---

(⁹) L'évaporation est plus que contre-balancée par la condensation de l'humidité de l'air.

(¹⁰) Le sol qui supporte les neiges et les glaciers, à toutes les altitudes et dans toutes les saisons. n'a pas d'action de fusion à leur surfaces intérieures. — Les glaciers ne marchent pas d'amont en aval par leur poids.

(¹¹) Aux altitudes au-dessus de 2500 mètres, les glaciers sont adhérents au sol dans toutes les saisons et n'ont aucune action sur la roche. Aux altitudes plus basses, ils moutonnent, arrondissent, strient et polissent les roches.

et les soulèvent, ne sent-on pas que leur permanence dans la même place est une chose physiquement impossible?

(¹²) Mais sans recourir à ces faits, est-ce que les rochers des hautes montagnes que les glaciers charrient dans le bas des vallées ne prouvent pas le mouvement progressif des glaces sur lesquelles on les voit encore à leur arrivée dans les vallées? Mais il y plus : c'est qu'on les voit se mouvoir et pousser devant elles des rochers. — Je n'ai jamais vu un seul habitant des Alpes qui eût le moindre doute sur la réalité du mouvement progressif. — On a même constaté par des alignements la réalité de ce mouvement progressif...

Les glaciers progressent ou diminuent à leur pente terminale, ou, comme disent les montagnards, ils avancent ou reculent suivant les années par suite de fortes ou faibles chutes de neiges et suivant les températures de l'air des années.

(¹³) J'ai souvent parlé des cailloux et des rochers que les glaciers charrient, qu'ils déposent ensuite sur leurs bords et à leurs extrémités, et qui forment ainsi des espèces d'enceintes (moraines) qui marquent les limites que les glaciers ont atteintes. **M. Besson** observa, en 1777, au bas du glacier du Rhône, trois de ces enceintes, dont l'une était à 34 toises (66 mètres) de l'extrémité du glacier, l'autre à 85 toises (165 mètres), et la troisième à 120 toises (234 mètres). Il suit de là qu'à trois époques différentes le glacier a reculé. — Les bergers assurent que depuis vingt ans il reculait continuellement. — Cette observation prouve qu'il y a des glaciers qui avancent et d'autres qui reculent. Il s'en forme de nouveaux et il y en a qui disparaissent.

Neige rouge.

(¹⁴) En montant, en 1760, pour la première fois sur le BREVEN, les pentes étaient encore couvertes de neiges en différents endroits. Je fus très-étonné de voir leur surface teintée par places d'un rouge extrêmement vif. Cette couleur avait la plus grande vivacité dans le milieu des espaces dont le centre était plus abaissé que les bords, ou au concours de divers plans inclinés couverts de neiges. — L'année suivante, en retournant au Breven, j'y trouvai la même neige rouge. J'ai trouvé cette neige rouge sur toutes les hautes montagnes. Il y en avait beaucoup sur le Saint-Bernard. — Cette neige rouge ne se voit nulle part dans les Alpes à une altitude plus élevée que 1440 toises (2800 mètres).

L'analyse a prouvé que cette substance est une poussière d'étamines et non un résultat de la décomposition de l'eau ou de l'air, comme quelques physiciens avaient été tentés de le conjecturer....

(¹²) Preuve du mouvement des glaciers d'amont en aval parfaitement juste.

(¹³) Outre les observations de M. BESSON M. DE SAUSSURE cite des blocs déposés par les glaciers à de grandes hauteurs dans la vallée de Chamounix. Il mentionne des matériaux erratiques déposés par les glaciers à de grandes distances en aval de leur pente terminale, et conclut néanmoins que les matériaux erratiques à très-grandes distances ont été charriés et déposés par les eaux.

(¹⁴) La neige rouge a été depuis signalée par un grand nombre de naturalistes et glaciéristes, et tous sont d'accord que ce sont de matières végétale

Insectes.

(¹⁵) A la cîme de Breithorn, 3900 mètres d'altitude, nous avons trouvé dans les neiges et dans la glace de glaciers une espèce de podures. Ces insectes sont noirs, brillants, très-petits et couverts sur le dos d'écailles pointues ; ils sont pourvus d'antennes assez longues et recourbées en dehors ; ils sont souples, agiles et sautaient quand on voulait les prendre....

(¹⁵) Nos guides les appellent *puces de glaciers* (*Gletscher-Flœhe*). Ils ont le même aspect que les puces ordinaires, ils sautent de même. On les trouve à toutes les altitudes dans les glaciers, pincipalement sous les fragments de roches qui couvrent les glaciers. Aux glaciers de l'Aar, au Théodule ils sont abondants.

PHÉNOMÈNES ERRATIQUES.

ANCIENNE THÉORIE DU TRANSPORT DES MATÉRIAUX ERRATIQUES[1].

De Saussure, 1764 : (1) Si on examine avec attention la nature et la position des cailloux roulés et les fragments de roches qui se rencontrent dans la vallée du lac de Genève et sur les montagnes voisines, on se persuadera bientôt qu'ils ont été charriés et arrondis par les eaux, et qu'il est hors de toute vraisemblance qu'ils aient pu être formés dans les lieux mêmes où on les trouve.

On verra que le plus grand nombre de ces roches est de granit et d'autres pierres alpines et primitives, tandis que le fond sur lequel elles ont été déposées est de pierres calcaires ou de grès et par conséquent d'une nature absolument différente. On observera que ces cailloux et ces grands fragments ne se rencontrent jamais qu'à la surface des bancs de calcaire ou de grès, et que ces mêmes bancs n'en contiennent pas la moindre parcelle dans leur intérieur; qu'au contraire, si l'on compare chacune de ces pierres avec celles dont il se trouve des montagnes dans les Alpes, on les reconnaît au point de pouvoir presque assigner le rocher dont elles ont été détachées. On remarquera qu'elles n'ont aucune adhérence avec le sol sur lequel elles sont jetées; aucune ressemblance avec la terre qui les entoure; que le même sol en porte de qualités totalement différentes, et qu'enfin on n'en trouve point sur le revers du Jura, mais seulement sur celles de ses faces qui regardent les Alpes. Après avoir pesé ces considérations, on ne pourra pas s'empêcher de reconnaître que ces fragments n'ont pas été formés dans notre vallée, ni sur les montagnes qui la bordent, mais que se sont des corps étrangers, adventifs des Alpes, leur lieu natal.

(2) Ces matériaux ont été arrachés des Alpes par un agent puissant, qui les a transportés, arrondis et entassés confusément. Que l'eau soit cet agent, c'est ce dont on ne peut non plus douter en aucune manière.

---

[1] D. A. Voyez, pour plus de détails, nos *Matériaux pour l'étude des glaciers*, t. III, *Phénomènes erratiques*.

(1) Parfaitement observé en 1764.

(2) Ces matériaux sont tombés sur la surface des glaciers, et ce sont les glaciers qui les ont déposés aux emplacements où nous les trouvons. — Le transport des matériaux erratiques par les glaciers est admis par tous les naturalistes suisses, anglais, américains et généralement par toutes les autres nations. — En France.... les glaciéristes sont d'accord....

Jean de Charpentier, directeur des mines du canton de Vaud (Suisse) : La personne que j'ai entendu pour la première fois émettre l'opinion « que les débris erratiques ont été transportés par les glaciers, » est un bon et intelligent montagnard nommé J. P. PERRAUDIN, passionné chasseur de chamois, encore vivant au hameau de Loutier, dans la vallée de Bagnes.

(1) Revenant, en 1815, des beaux glaciers du fond de cette vallée, et désirant me rendre le lendemain par la montagne de Mille au grand Saint-Bernard, je passait la nuit dans sa chaumière. La conversation durant la soirée roula sur les particularités de sa contrée et principalement sur les glaciers qu'il avait beaucoup parcourus et qu'il connaissait fort bien. PERRAUDIN me dit : « Les glaciers de nos montagnes ont eu jadis une bien plus grande extension qu'aujourd'hui. Toute notre vallée, jusqu'à une grande hauteur au-dessus de la Drance (torent de la vallée), a été occupée par un vaste glacier qui se prolongeait jusqu'à Martigny, comme le prouvent les blocs de roches qu'on trouve dans les environs de cette ville, et qui sont trop gros pour que l'eau ait pu les y amener. »

J'ai rencontré encore dans d'autres parties de la Suisse des montagnards qui croient également à une plus grande extension des glaciers dans les temps anciens et qui leur attribuent aussi le transport de blocs erratiques. — Lorsque, en 1834, je passai par la vallée de Hasli et par celle de Lungern, pour assister à Lucerne à la réunion de la Société helvétique des sciences naturelles, je joignis sur la route du Brünig un bûcheron de Meiringen. Je liai conversation avec lui, et nous fîmes un bout de chemin ensemble. Me voyant examiner un gros bloc de granit qui gisait au bord du sentier, il me dit : « Il y a beaucoup de ces pierres par ici, mais elles viennent de loin ; elles viennent toutes du Grimsel, car c'est du *Geissberger* (nom du granit en allemand suisse), et les montagnes des environs n'en sont pas. » Sur ma question comment il croyait que ces pierres avaient pu arriver jusqu'ici, il me répondit sans hésiter : « Le glacier du Grimsel les a amenées et déposées des deux côtés de la vallée ; car ce glacier s'est étendu jadis jusqu'à la ville de Berne ; en effet, continua-t-il, l'eau n'aurait pu les déposer à une aussi grande hauteur au-dessus du sol de la vallée sans combler les lacs (ceux de Brienz et de Thun). » Ce brave homme ne se doutait guère que je portais dans ma poche un mémoire en faveur de son hypothèse, destiné à être lu à la Société helvétique des sciences naturelles.

Quoique le brave PERRAUDIN ne fît aller son glacier que jusqu'à Martigny, probablement parce que lui-même n'avait peut-être guère été plus loin, et quoique je fusse bien de son avis relativement à l'impossibilité du transport

---

(1) Avant 1815, aucun auteur ni naturaliste ne mentionne le transport des matériaux erratiques par les glaciers à de grandes distances. DE SAUSSURE cite des matériaux déposés par les glaciers en activité dans les vallées qu'ils occupent, par suite de leur diminution, et fait transporter par des courants d'eau les matériaux erratiques qu'on trouve hors de la vallée du glacier. — PERRAUDIN, simple montagnard, est l'inventeur du transport des matériaux erratiques par les glaciers. — DE CHARPENTIER a le premier publié cette vérité fondamentale en 1834, dix-neuf années plus tard.

des blocs erratiques par le moyen de l'eau, je trouvai néanmoins son hypothèse si extraordinaire, si extravagante même, que je ne jugeais pas qu'elle
valût la peine d'être méditée et prise en considération.

J'avais presque oublié la conversation avec PERRAUDIN, lorsqu'au printemps
1829, quatorze années plus tard, M. VENETZ vint me dire aussi que ses observations le portent à croire que non-seulement la vallée d'Entremonts, mais
que tout le Valais avait été jadis occupé par un glacier qui s'était étendu jusqu'au Jura, qui avait été la cause du transport des débris erratiques.

J'avais trouvé extraordinaire et invraisemblable la supposition d'un glacier
s'étendant du fond de la vallée de Bagnes jusqu'à Martigny; mais je trouvais
réellement folle et extravagante l'idée d'un glacier de plus de soixante lieues de
longueur, occupant non-seulement le Valais, mais recouvrant même tout l'espace entre les Alpes et le Jura, et entre Genève et Soleure. Au premier abord,
cette hypothèse me parut être en opposition manifeste avec tous les principes
de physique et de géologie, et entièrement contraire à tous les faits qui prouvent l'ancienne élévation de température. Comment concevoir, en effet, qu'un
glacier ait pu couvrir une contrée qui doit avoir joui jadis d'un climat propre
à faire prospérer des palmiers, comme le prouvent les empreintes de *Chamœ-
rops* qu'on trouve dans des couches supérieures de la molasse de la Basse-
Suisse?

(²) Pour convaincre mon ami de l'erreur où il me semblait être tombé, je
m'appliquais à étudier d'une manière spéciale le terrain erratique et toutes les
circonstances qui l'accompagnent. Mais cette étude me conduisit à un résultat
tout opposé à celui auquel je m'étais attendu. En effet, loin de me fournir des
arguments contre l'hypothèse des glaciers, je reconnus clairement qu'elle ex-
plique de la manière la plus satisfaisante le terrain erratique jusque dans ses
moindres détails et tous les phénomènes qui s'y rattachent. Néanmoins je res-
tai dans le doute jusqu'au moment où je crus être parvenu à concilier l'existence
de ces glaciers monstres avec les faits qui prouvent l'ancienne élévation de la
température. Croyant avoir trouvé la solution de ce problème, je rédigeai un
mémoire sous le titre de *Notice sur la cause probable du transport des blocs
erratiques de la Suisse.* J'en fis la lecture à la Société helvétique des sciences
naturelles, réunie en juillet 1834, et il fut inséré, en 1835, dans le huitième
volume des *Annales des mines.*

(³) Rien à ajouter, rien à retrancher des *Observations du phénomène erratique et de son
transport,* publiées par M. DE CHARPENTIER.

D. A.

RÉSUMÉ TRÈS-ABRÉGÉ

DES

OBSERVATIONS AU THÉODULE

(3333 mètres d'altitude).

AOUT 1865 à AOUT 1866.

Hygiène. — Les trois observateurs qui ont séjourné une année complète à la station ont tout le temps joui d'une santé parfaite. Les deux frères BLATTER ont déclaré qu'ils ont été à leur aise aussi complétement sous tous les rapports comme au Grimsel, 1880 mètres d'altitude, lorsqu'ils y passaient l'année. Le cantinier piémontais GORRET, par suite d'un vent de nuit *ferocississimo*, a subi une frayeur telle, qu'il a perdu l'appétit et s'est affaibli. On l'a transporté dans la vallée; il s'est remis promptement et est remonté à la station.

En juillet, août, septembre, jusqu'au milieu d'octobre, des touristes, guides, porteurs et gens du pays ont passé à la station en très-grand nombre :

Touristes : hommes	480
dames	38
Guides et porteurs.	402
Gens du pays	180
Total	1100

En août et septembre, le passage se faisait, d'une vallée à l'autre, sur la surface du glacier découvert, neiges complétement fondues. Les chevaux et les mulets de touristes passaient, et les gens du pays faisaient le trajet d'une vallée à l'autre avec des vaches, des génisses et des moutons nombreux.

Dans les autres mois, des visites de gens du pays à peu près tous les mois. Entre autres visites, celle du maître d'hôtel de Zermatt, M. SEILER, en janvier, et celle du fils de GORRET, abbé, et autres connaissances.

Le combustible, la nourriture et la boisson était toujours abondants; santé parfaite. Ajoutons que ces hommes persévérants ont avec savoir-voir et vouloir-voir exécuté le programme d'observation ponctuellement et rigoureusement (mit vielem Fleiß und Gewissenhaftigkeit).

Ciel. — Complétement découvert jour et nuit: vingt et une journées; complétement couvert jour et nuit: trente journées. Souvent variable. Le zénith est d'un bleu très-intense. Généralement, plus on s'élève dans les Alpes, plus l'intensité du bleu augmente.

Rayons solaires. — Généralement, toutes choses égales d'ailleurs, l'intensité, l'action des rayons solaires sur sol, neiges et glaces, augmente par les altitudes dans une proportion assez forte, surtout par calme, absence de vent.

Dans tous les mois de l'année, au plus fort de l'hiver, la neige se fondait partiellement sur roches à la station, il s'en écoulait de l'eau. En été, le même fait a été observé avec la lunette achromatique dans les plus grandes hauteurs au Mont-Cervin (Matterhorn), au point culminant et autres. En comptant les heures de la journée de rayons solaires et celles d'absence de rayons solaires, on a trouvé que les heures de rayons solaires dans la journée sont le double que celles de l'absence.

Rayonnement nocturne. — Par suite de calme, zénith découvert, de soleil couchant à soleil levant, le rayonnement nocturne est très-fort : les surfaces du sol et les matières gelées prennent une température beaucoup plus basse que l'air ambiant; les gelées blanches et le givre sont alors très-abondants et équivalent à une faible chute de neiges. Ce rayonnement nocturne se produit souvent dans toutes les saisons.

Vents. — Vent dominant : SO et E. La direction et la force ont été observées et enregistrées par nombre d'heures diurnes; nous voyons 1142 heures calme, soit 13 p. 100 dans l'année.

Assez souvent le vent à la station est très-fort et quelquefois d'une violence extrême. Les observateurs citent des journées de vent qu'ils qualifient de *féroces*. L'observateur GORRET (italien), les a inscrits par **ferocissimo**, et les observateurs bernois disent : «vents d'une force épouvantable, effayante (ungeheuer ſtarker Wind)» et ajoutent : «Les vents les plus forts dans les Alpes bernoises et au pavillon de l'Aar sont des zéphyrs comparativement à ceux d'ici.» Heureusement ils ne se produisent pas en été; sans cela touristes et guides en course seraient enlevés comme des plumes et atteints par des parcelles de roches qui voltigent dans l'air. — L'action de ces vents d'ouragan sur les neiges fraîches et même sur les anciennes tassées est très-forte : elles sont déplacées à de certaines places et accumulées à une très-grande hauteur à d'autres; elles tourbillonnent dans l'air — on ne voit pas à deux pas. Un jour, le vent était tellement violent, de quatre heures du matin à soleil levant, que dans notre local, malgré doubles fenêtres et doubles portes, il éteignait la lumière, et force était de la placer dans la lanterne.

Dans les cas de fort vent, nous passions la boule du thermomètre sec et la boule mouillée à travers un petit trou percé dans la porte pour observer les températures et l'état hygrométrique de l'air. — Voilà ce que l'on peut appeler des observateurs qui ont horreur des interpolations. — (Ce fait est historique, et j'éprouve un grand plaisir à le citer.)

Le *Gougx* des Alpes bernoises, qui change de direction et de force à chaque instant, ne se produit pas ici.

Le *Fœhn*, vent chaud et sec, caractéristique, n'a pas été observé.

Assez souvent le vent souffle du haut en bas, du bas en haut, horizontalement et plus ou moins incliné par rafale, mais n'est jamais interrompu par calme.

Brouillards. — Le brouillard est signalé dans 184 journées (ou diurnes) dans l'année. On voit qu'il se produit souvent. Sa durée et quelquefois de 24 heures et plus, mais généralement de quelques heures seulement et moins.

Ont été observés : brouillard normal (saturé) ; brouillard sursaturé (aqueux) ; brouillard sous-saturé (sec).

Rosée. Gelée blanche. Givre. — Se produisent assez souvent par suite du rayonnement nocturne.

Pluies. — Les pluies franches et celles mélangées de neiges aqueuses sont rares, cependant elles sont signalées dans 12 journées de l'année. Avec la lunette achromatique on a observé de l'eau tombée à l'état de pluie, qui avait mouillé le point culminant du Mont-Cervin. Ces chutes de pluie sont faibles et de peu de durée.

Neiges. — Il a neigé dans l'année dans 160 journées, soit de jour soit de nuit. Dans toutes les saisons il est tombé de la neige. Le maximum de hauteur qu'ont atteint les plus fortes chutes diurnes n'a pas dépassé 0^m,50. — Par suite des vents, les neiges tombent très-incomplétement dans l'udomètre, quelquefois pas du tout ; on n'a pas pu observer leur hauteur successive. On a placé des perches dans le sol et dans la surface du glacier, à des emplacements où la neige n'est généralement pas déplacée ou accumulée par le vent, pour observer la hauteur. On a exposé, matin et soir, une planche rabotée pour mesurer la hauteur des neiges tombées.

La hauteur totale des neiges fraîches, mesurée matin et soir sur la planche exposée, était au total de 14 mètres. 7 mètres de hauteur de neiges fraîches, mesurés successivement par suite du tassement, n'ont plus que 1 mètre de hauteur. Au 8 juin, la hauteur de la neige tassée sur glacier était de 2 mètres.

Les premières neiges persistantes sont tombées fin octobre 1865. Leur hauteur à la perche sur glacier (neiges tassées plus ou moins) était :

1865. Novembre	1^m,00	Les hauteurs diffèrent sui-
» Décembre	1^m,60	vant le tassement et surtout
1866. Janvier	1^m,20	par suite d'addition de neiges
» Février	1^m,00	fraîches.
» Mars	2^m,40	
» Avril	1^m,80	
» Mai	2^m,40	
» Juin	1^m,50	
» Juillet	0^m,00	Complétement fondue.

Fin juillet, la surface du glacier était à découvert ; la neige avait disparu du sol.

L'ablation (fonte) de la surface du glacier, par suite de température élevée et surtout de rayons solaires ardents, a été :

> 0^m,750 en août.
> 0^m,995 en septembre.
> ______________
> 1^m,745

Ablation très-forte à 3333 mètres; elle équivaut aux ablations qui se font sur le glacier de l'Aar, à une altitude de 2300 mètres.

Les plus fortes ablations diurnes, 0m,080.

La neige fond sur roche partiellement dans tous les mois de l'année, dans 123 jours :

Hiver	22 jours.	
Printemps	10	»
Été	63	»
Automne	28	»
Total . . .	123 jours.	

Ces observations sont rigoureusement exactes.

TEMPÉRATURES.

Températures de l'air à l'ombre.

MOIS.	MOYENNES.	EXTRÊMES MOYENNES.		Moyennes par extrémes.
		MAXIMA.	MINIMA.	
	o	o	o	o
Décembre.	− 9,85	− 8,29	−10,69	− 9,49
Janvier . . . . . , ...	−10,16	− 8,10	−11,52	− 9,81
Février.	−10,65	− 8,30	−11,70	−10,0
Mars	−12,73	− 9,97	−14,87	−12,42
Avril.	− 7,38	− 4,65	− 9,57	− 7,11
Mai	− 6,45	− 3,16	− 9,44	− 6,30
Juin.	0,04	3,49	− 2,84	0,32
Juillet	1,03	5,29	− 1,82	1,73
Août.	1,13	3,85	− 0,94	1,45
Septembre	1,16	4,73	1,12	1,80
Octobre	− 5,46	− 3,17	7,13	− 5,15
Novembre.	− 7,68	− 6,09	− 8,76	− 7,43
SAISONS.				
Hiver	−10,09	− 8,23	−11,30	− 9,76
Printemps	− 8,87	− 5,59	−11,63	− 8,61
Été	0,74	− 4,63	− 1,78	1,42
Automne	− 3,90	− 1,51	− 5,76	2,12
Année	− 5,51	− 2,67	− 7,62	− 2,47
Maxima	1,16	5,29	− 0,94	1,80
Minima	−12,73	− 9,97	−14,87	−12,42
Différences	13,89	15,26	13,93	14,22

Journée la plus chaude.

1865. Août 28	9,60	15,1	0,0	

Journée la plus froide.

1866. Janvier 10	−18,0	−14,2	−19,8	
Le maxima extrême a été à			16°	
Le minima extrême a été à.			− 21°	
Difference			37°	

On peut considérer ces extrêmes de 16°,0 maxima, et minima —21°,0, comme normaux, c'est-à-dire que généralement ils se produisent toutes les années sans dépasser ces chiffres. — Pendant un grand nombre d'années de stationnement, en été, au pavillon de l'Aar, j'ai lu ou fait lire par des guides intelligents des thermomètres minima et maxima, que l'on avait placés en hautes régions, de 3000 à 3500 mètres d'altitude approximativement. Les minima ont été généralement de — 19 à — 21°,0 et n'ont pas été plus bas, et les maxima entre 13° et 15°.

Le mois le plus froid a été, au Théodule, le mois de mars. Je crois ce fait normal. Le guide BLATTER, intrépide chasseur de chamois, avait prédit à l'avance que ce mois serait le plus froid, en s'appuyant sur une observation qu'il a faite dans l'Oberland bernois. Il dit que généralement toutes les années les chamois descendent des hautes régions à des altitudes plus basses par suite de froid intense; qu'au mois de mars ils descendent le plus bas, et que c'est le mois où l'on en tue le plus.

Le col du Théodule n'est pas une localité de chasse, et généralement le massif du Mont-Rosa et environs n'est pas un séjour de chamois; — quelques oiseaux de passage; — cependant, pendant l'été et l'automne, deux corneilles ont séjourné aux environs de la station; elles venaient le matin se nourrir de restes de cuisine qu'on jetait sur le sol....

Températures du sol, neiges et glacier, à leur surface et à diverses profondeurs, voyez les observations qui précèdent.

Mentionnons : à l'ombre permanente à la station, le sol découvert (nu) dans toutes les saisons et dans les journées les plus chaudes est gelé fortement à quelques centimètres au-dessous de sa surface. Dans les journées très-chaudes et par vents chauds, il dégèle à la partie supérieure au maximum de 3 centimètres de hauteur, et la surface prend une température maxima de 1 à 2°; ces cas sont rares, tandis qu'il arrive quelquefois que la surface devient humide à 0° dégelé.

Le sol couvert de neige à l'ombre et en plein soleil est gelé dans toutes les saisons à la station. — Le glacier en contact avec le sol y est adhérent fortement gelé dans toutes les saisons.

NB. Au mois d'août, pendant mon séjour de quinze jours à la station, le sol était découvert à la station. On a creusé une tranchée dans le sol pour en prendre la température de 10 en 10 centimètres. A une profondeur au-dessous de la surface de 0^m,70 à 0^m,90, suivant l'emplacement, on a toujours trouvé le sol à 0° dégelé, et un peu plus bas, des parcelles de glace et des conglomérats isolés de la grosseur d'œufs de poules jusqu'à œufs d'oies et même plus grands; plus bas, sol gelé fortement; eau d'infiltration gelée, vrai embryon glaciaire.

NB. Au mois de juillet, lorsque le sol était encore découvert de 0^m,40 à 0^m,50 de hauteur de neige dégelée, dont il s'écoulait de l'eau par suite de sa fusion, on a fait une tranchée dans cette neige et on a trouvé de la glace bulleuse de $0^m,10$ de hauteur sur le sol; la partie supérieure était humide et la partie inférieure, sur une hauteur de $0^m,05$, gelée, et solidement gelée au sol. Véritable embryon glaciaire tel qu'il se forme aux altitudes au-dessus de 2600 mètres dans les Alpes. — Au Faulhorn et autres localités nombreuses, aux altitudes au-dessus de 2600 mètres, nous avons constamment trouvé cet embryon glaciaire.

Sur le glacier couvert en juillet, à la même époque, en traversant la neige, on est arrivé au glacier découvert, et il n'y avait pas de glace bulleuse de formée : confirmation que la neige qui couvre les glaciers, à toutes les altitudes, ne se convertit pas au contact avec le glacier en glace bulleuse pour s'ajouter à sa surface. Accidentellement et partiellement le cas peut arriver.

DOLLFUS-AUSSET.

AIDE-MÉMOIRE[1].

PHYSIQUE DU GLOBE. GÉOLOGIE. MÉTÉOROLOGIE. GLACIERS.

A

Abîme.

Ablation. Fontes (fusions) de neiges et glaces à la partie supérieure. Diminution de hauteur à la surface.

Forez un trou de sonde avec le perçoir à glace dans la neige ou glacier, fixez-y une perche et observez l'ablation matin et soir.

L'ablation des glaciers s'observe sur surfaces découvertes et sur surfaces couvertes de matériaux (moraines) à diverses altitudes.

Pour observations mensuelles et de saisons, le trou foré doit avoir au moins 3 mètres de profondeur, et la perche fixée la même longueur.

Pour ablation d'une année et plus, on forera un trou de 10 mètres de profondeur avec un perçoir à glace de $0^m,10$ de diamètre, et on y introduira de mètre en mètre (distants d'un mètre) des bois ronds de peu de longueur, marqués des chiffres 10 à 11 depuis le fond jusqu'à la surface; la séparation d'un mètre de l'un à l'autre sera remplie de galets et de sable : par chaque mètre d'ablation un bois surgira, qui restera en place, et le nombre des bois sortis dans un temps donné indiquera le nombre de mètres d'ablation. Ce moyen est très-pratique.

Ablation de neiges et glaces à la partie inférieure, en contact avec le sol. — Le sol n'exerce aucune fusion sur les matières gelées qui le couvrent à toutes les altitudes et dans toutes les saisons.

Abrité des rayons solaires (à l'ombre permanente). Du rayonnement nocturne. Des hydrométéores. Des perturbations en général, neiges ventées, avalanches etc. Les instruments météorologiques doivent se trouver abrités.

Abrupte. A forte pente. Très-incliné.

D. A. Sous le titre *Aide-mémoire*, par ordre alphabétique, les termes, expressions des auteurs qui ont traité de physique du globe, de hautes régions et de glaciers en particulier.

Abschwung. Promontoire où deux glaciers d'orientation différente se réunissent. *Exemple* : Abschwung des glaciers du Finster-Aar et du Lauter-Aar qui continuent leur marche sous la dénomination d'Unter-Aar (Aar inférieur).

Absorption. Absorption de l'humidité de l'air etc.

Accélération de la marche. Mouvement des glaciers d'amont en aval par suite de certaines circonstances locales et générales.

Accéléré.

Action des rayons solaires, des températures et autres circonstances météorologiques sur sol, roches, eau, neiges et glaciers, et sur végétation.

Adhérence des neiges et glaces à la roche par la gelée et les altitudes.

Aérostats. Ballons libres et ballons captifs pour observation.

Affaissements de terrains, de neiges, de glaces.

Affinités.

Affleurements de couches de roches, de neiges, de glaces.

Affluents de glaciers simples pour former des glaciers composés.

Affluents de filets d'eau, de ruisseaux, de torrents etc.

Agents destructeurs.

Aiguilles de glace.

Aiguilles de roches et de forme de montagnes (aiguilles du Midi).

Aimant pour mettre les curseurs métalliques en place du thermométographe.

Air. Direction et force (girouette).

Air dans la glace d'eau et dans la glace de glaciers (bulles d'air).

Air. Courants d'air.

Air agité.

Air ambiant (local).

Air calme.

Air chaud.

Air descendant.

Air froid.

Air humide.

Air montant.

Air raréfié en hautes régions. Son influence sur l'économie animale et végétale.

Air sec.

Ajouté.

Alluvions transportées et déposées par les eaux.

Alluvions glaciaires.

Alluvions remaniées par les eaux, par les glaciers.

Alluvions stratifiées.

Alignement de pieux pour observer la marche, le mouvement des glaciers.

Alignement transversal entre deux points fixes sur les rives.

Alimentations diverses.

Altitudes. Hauteurs au-dessus du niveau de la mer.

Altitudes barométriques.

Altitudes trigonométriques.

Altitudes hypsométriques, déterminées par le degré de l'ébullition de l'eau vapeur d'eau).

Ambiant.

Amoindrissement. Diminution de poids et volume.

Amoncelé.

Amont. En amont, plus haut, au-dessus.

Anéroïde. (baromètre). Instrument présentant peu de garantie d'exactitude en hautes régions. Bien réglé sur un baromètre de précision, et non déplacé, au niveau des rails, sa marche est régulière.

Angles en degrés.

Anguleux.

Annuel.

Anomal. Exception. Irrégulier.

Apparition, à la surface des neiges et glaciers, de corps ensevelis dans leur intérieur, par suite d'ablation (fusion) de leur surface.

Après-midi. Soir.

Arbres et arbustes à diverses altitudes. Leur âge en comptant les couches annuelles.

Aréomètre pour déterminer la densité des liquides.

Aspérités.

Asphyxié.

Assimilation.

Atteint. Touché par....

Atmosphère.

Augmentation de poids et volume.

Aurore.

Aval. En aval, plus bas.

Avalanches (*Lauinen, Lauwinen*).

Avalanches de terrain, de pierres, roches, neiges, glaces, glaciers.

Avalanches de neiges poudreuses (*Staub-Lauinen*).

Avalanches de neiges compactes (*Grund-Lauinen*).

Avalanches d'hiver (*Winter-Lauinen*).

Avalanches de printemps (*Frühjahr-Lauinen*).

Avalanches exceptionnelles.

Avalanches faibles et partielles (*Rutsch-Lauinen*). Neiges qui se détachent de la surface de glaciers gelés et glissants. — Très-dangereuses pour touristes.

Avalanches locales, ordinaires, normales, de saisons.

Avancement. Progression.

Avant-midi. Matin.

Azotate (nitrate) d'ammoniaque concret pour mélanges frigorifiques, afin de prendre le point de rosée de l'air ambiant sur surfaces métalliques polies.

B

Baignoires dans les glaciers. Trous circulaires dans les glaciers remplis d'eau.

Bâllonnés. Montagnes arrondies.

Ballons (aérostats), s'élevant librement.

Ballons captifs, s'élevant à une hauteur déterminée et y restant.

Bancs de sable, de limon.

Bandes de glace bulleuse.

Bandes de glace terne.

Bandes de glace bleue, transparente.

Baromètre portatif.

Barrages. Naturels, divers.

Barrages exécutés contre les inondations.

Base trigonométrique.

Bâton des Alpes. Solide. Forte pointe en fer dans le bas. Lanière de cuir dans le haut. Longueur jusqu'à l'épaule du glaciériste-touriste.

Bâton-perche pour sonder la profondeur des neiges et des eaux.

Bifurcation.

Bise. Vent du nord froid.

Blanchi par chutes de neige franches.

Bleu. Intensité (gamme) de la couleur bleue au zénith, à l'horizon, à diverses altitudes. (Cynanomètre de DE SAUSSURE).

Blocs de glace, de roches.

Blocs disloqués par les gelées.

Blocs éboulés.

Blocs tombés des hauteurs.

Blocs arrondis par les eaux.

Blocs striés par suite de chutes sur les pentes.

Blocs striés par les glaciers.

Blocs de granit, protogine, gneiss, calcaire, schiste etc.

Blocs erratiques. Désigner la localité et l'altitude d'où ils viennent, où ils sont déposés par les glaciers.

Blocs à la surface des glaciers.

Blocs erratiques transportés sur le dos des glaciers dans les plaines, les vallées, les hauteurs etc.

Blocs erratiques en activité sur les glaciers actuels.

Blocs erratiques nombreux formant groupe (*Teufelsmühle*).

Blocs erratiques perchés sur roche.

Blocs erratiques perchés sur moraine médiane.

Blocs erratiques perchés sur un piédestal de glace sur les glaciers. Bloc erratique qui table et occupe une position anomale.

Blocs erratiques anguleux.

Blocs erratiques écornés, polis, striés, rayés, burinés par les glaciers.

Blocs erratiques isolés.

Blocs monstres. Bloc de fortes dimensions.

Blocs remaniés ou entraînés par les eaux, par les avalanches, par les glaciers.

Blocs sporadiques. Blocs dont on ne peut pas déterminer l'emplacement primitif.

Bosselé.

Boue de glaciers. Poudre de roches (sable très-fin) chariée par les torrents qui sortent des glaciers.

Brouillard normal, ordinaire.

Brouillard aqueux. Sur-saturé.

Brouillard sec. Non saturé, sous-saturé.

Brouillard de fumée.

C

Calcaire.

Calorique. Chaleur.

Calorique rayonnant.

Capacité.

Capillarité de la glace de glaciers.

Carrière de roches.

Cataclysme.

Catastrophe.

Caveaux dans le sol, neiges, glaciers.

Centre.

Centre de gravité.

Centre des glaciers.

Ceracs. Cubes de neiges compactes.

Central.

Chaînes de montagnes.

Chaleur. Température de l'air à l'ombre permanent. (Météorologie.)

Chaleur de l'air en plein air. Thermomètre tourné en fronde.

Chaleur des rayons solaires. En exposant horizontalement aux rayons solaires des thermomètres à alcool incolore, et colorés en noir, bleu, jaune etc.

Champs des neiges.

Champs des blocs.

Chemins de chèvres. Sentiers abruptes non tracés.

Chutes de pluie, de neiges, de grésil, de grêle. Leur hauteur et hauteur en eau.

Chutes d'eau. Cascades.

Chutes de roches, de pierres, de neiges, de glace, partielles ou en avalanches.

Circonférences.

Circonstances météorologiques et autres. Normales et anomales (exceptionnelles).

Cimentation.

Cirques de glaciers.

Cirques neigeux. (Circus.)

Classssements.

Climat.

Clivage de roches et glaciers.

Col. Passage d'une vallée à l'autre.

Cols de montagnes.

Comblement divers.

Concentration.

Concret. Solide.

Condensation sur sol, végétaux, roches, eaux, neiges, glacier etc.

Condensation non gelée. Rosée.

Condensation gelée. Gelée blanche, givre. (Météorologie.)

Cônes de déjections.

Cônes graveleux. Sur la surface des glaciers en activité.

Conditions locales. Normales. Anomales Exceptionnelles.

Configurations diverses.

Confirmation.

Confolithe. (*Nagelfluh.*)

Congélation générale et partielle.

Conglomérat de matériaux divers.

Contact.

Contre-fort.

Correct.

Cornet pour transmettre les signaux. Les cornets de gardes de chemin de fer remplissent parfaitement le but.

Correction des thermomètres.

Corrrection de température du baromètre pour le réduire à zéro.

Côtés choqués par les glaciers. (*Stosseite.*)

Côtés préservés. (*Lehseite.*)

Couches de neiges fraîches où anciennes, sur sol, sur glaces, à divers altitudes.

Couches de roches. Couches d'affleurement.

Coucher du soleil local. (Observations importantes.)

Couleur de l'eau, des neiges, des glaciers.

Couleur du ciel au zénith, à l'horizon, à diverses altitudes. Intensité du bleu au cynanomètre (gamme de bleu) de DE SAUSSURE.

Coups de gouge sur les roches, produits par le frottement des glaciers.

Coups de tonnerre.

Coups de vents.

Courants d'eau. Leur pente, leur vitesse, profondeur et dimensions.

Crépuscule. Sa durée à diverses altitudes et dans diverses saisons.

Crevasses. Dans sol, neiges et glaciers.

Crevasses. Larges, profondes, béantes.

Crevasses. Formation et fermeture.

Crevasses. Longitudinales. Transversales. Marginales. De rive droite, de rive gauche etc.

Crevassé.

Cristallisation.

Cristallisé.

Cristaux de minéraux, neiges et glaciers.

D

Dégâts.

Dégel. Dégelé.

Déjections.

Déjeté.

Densité. Poids spécifique.

Dents de montagnes. Dent du Midi etc.

Dépôts divers.

Dévié.

Diamètres.

Diluvien.

Diluvium.

Dimensions.

Diminution.

Direction des chaînes de montagnes. Direction des couches minérales etc.

Dispersé.

Dislocations diverses.

Distances.

Dominé.

Dureté.

E

Eaux de pluies, de neiges, de glaciers, de sources.

Eaux pures. Eaux calcaires, ferrugineuses etc.

Eaux claires, transparentes.

Eaux glaciaires, charriant de la boue de glacier. La quantité qu'elles contiennent par litre.

Eaux stagnantes.

Eaux troublées.

Éboulements. Terrain. Roches. Neiges. Glaces etc.

Éboulements. Ancien. Nouveaux. Récents.

Éclairs. (Météorologie.)

Éclipses. (Météorologie.)

Écoulements. Mis à sec.

Éléments.

Éloignement.

Embryon glaciaire. Altitudes où il peut se former.

En place. Roches en place. Locales.

Enneigé.

Enregistrateur météorologique.

Enterré.

Entièrement. Complétement.

Entonnoirs. Cavités dans les glaciers.

Épaisseur.

Époque.

Équilibre.

Équilibré.

Escarpé.

Escarpement.

Est. Orientation.

Escalader.

Étagé.

État. Solide. Liquide. Aériforme. Gazeux.

Étendue.

Étoiles.

Étoiles filantes. Scintillement.

Évaporation. Eaux. Neiges. Glace. Givre. Gelée blanche. Rosée. (Météorologie.)

Érosion par les eaux.

Extrêmes.

Extrémités.

F

Faible.

Faune à diverses altitudes.

Fentes dans le terrain, les roches, neiges et glaciers.

Fentes capillaires dans la glace de glaciers.

Fermeture. Disparition des crevasses.

Filets d'eau.

Firmament. Ciel. Zénith. Horizon.

Fissures capillaires. *Haarspalten* dans la glace et les glaciers.

Fissures diverses.

Flanc des montagnes.

Flaques de neiges. Taches, amas partiels sur sol, roches ou glaciers à diverses altitudes et orientations.

Fleurs. Floraison.

Flocons de neiges.

Flore. Phanérogames à de grandes altitudes dans les Alpes : *Aretia helvetica*, 3400 mètres (Théodule). *Ranunculus glacialis*, 3900 mètres (Schreckhorn). *Parmelia elegans*, 4015 mètres (Schreckhorn); 4170 mètres (Jungfrau).

(D. A. A toutes les altitudes des Alpes où la roche et le terrain sont débarrassés de neiges en été, certaines plantes fleurissent.)

Flore locale, à diverses altitudes et orientation.

Fœhn. (Météorologie.) Vent chaud et sec.

Foudre.

Formation de crevasses des neiges et glaciers.

Fontes de neiges et glaces.

Forage, forer avec le perçoir dans le sol, dans les neiges et glaciers.

Fort.

Fossiles.

Foudre.

Foudroyé.

Fragile.

Frais. Fraîche. Neiges fraîches.

Franchement.
Frigorifiques. Refroidissant.
Froids.
Froids extrêmes.
Frontal.
Frotté par le glacier.

G

Galeries souterraines.
Galets ordinaires.
Galets glaciaires, anguleux, ronds, rayés, striés, burinés, polis.
Galets erratiques, anguleux, ronds, rayés, striés, burinés, polis.
Gaz.
Gazon.
Gazonné.
Gelé.
Gelée blanche.
Germination.
Giboulées de neiges.
Girouette, pour direction et force du vent.
Gisements.
Gît.
Givre.
Glace.
Glace d'eau.
Glace de glaciers, pure, bleue, transparente, compacte, sans bulles d'air, avec bulles d'air, terne, spongieuse, amorphe.
Glace de neiges, imbibée d'eau gelée.
Glace de glaciers, sèche, dégelée, gelée, humide, glissante.
Glace d'eau, sur sol, sur eaux.
Glace cristalline.
Glace spongieuse.
Glace de fonds, (*Grund-Eis*).
Glace particlle. (Verglas) sur sol, neiges et glaciers.
Glace de glaciers, disloquée, (*Gletscher-Eis*).
Glaciaire. Diverses époques glaciaires.
Glaciers. Orientation, altitude, longueur, largeur, inclinaisons, progression etc.
Glaciers temporaires.
Glaciers à surfaces unies.
Glaciers crevassés.
Glaciers, ancienne extension.
Glaciers, grands.
Glaciers, petits.
Glaciers à surface découverte. Glaciers couverts de matériaux de moraines.
Glaciers en aval.

Glaciers simples.

Glaciers composés de plusieurs affluents.

Glaciers remaniés, recomposés, regénérés.

Glaciers persistants.

Glaciers miniature.

Glaciers en activité.

Glisser. Glissade.

Gneiss.

Gouhx. Vent changeant de direction et de forme à chaque instant.

Grand. Grandeur.

Graminées.

Granit.

Grêle.

Grosseur.

Grès.

Grésil.

Grottes.

Gypse.

H

Haut.

Hauteur. Altitudes.

Hauteur d'eau de pluie. (Métérologie.)

Hauteur des neiges fraîches ou anciennes qui couvrent le sol et les glaciers à diverses altitudes.

Hauteur en eau des neiges fraîches.

Hauteur en eau d'une tranche de neiges anciennes à diverses altitudes.

Hautes régions.

Hémisphère.

Herbier. Flore alpine sur sol, roches en place, et sur moraines en activité, sur les glaciers à diverses altitudes.

Horizon.

Humidité.

Hydrométéores.

Hygrométrie.

Hypsomètre.

I

Immersion.

Immobilité.

Impureté de la glace des glaciers et des neiges qui le couvrent.

Infiltration de l'eau dans les glaciers.

Influence des orientations, des altitudes et des circonstances atmosphériques sur les neiges et glaciers; sur la végétation et l'économie animale.

Insectes dans la glace des glaciers.
Insectes à diverses altitudes.
Intérieurement.
Interpolé. Non observé.

J

Jour. Longueur locale des journées de soleil levant à soleil couchant.

K

Karren. (*Karrenfelder.*)

L

Lacs ordinaires, glaciaires.
Lamelleux. En lames.
Largeurs des glaciers etc.
Latitudes.
Lehseite. Côté préservé de l'action des glaciers.
Lenticulaire.
Limites en altitude des neiges temporaires, plus ou moins persistantes; des roches moutonnées, polies striées par les glaciers.
Limon déposé par les glaciers et les eaux à diverses époques.
Limon en suspension dans les ruisseaux et les torrents.
Limon ou boue de glaciers, charrié par les torrents.
Liquide.
Lits de glaciers, de torrents etc.
Lits des torrents.
Longitudes.
Longueurs.

M

Marais.
Marche. Mouvement des neiges et glaciers.
Mares d'eau, diverses.
Marmites de géants.
Marne.
Masse.
Massifs de Montagnes.
Matériaux transportés par les eaux, par les glaciers.
Matériaux erratiques.
Matières organiques dans les régions des neiges et glaciers.
Maxima. Températures etc.
Mélanges frigorifiques.

Mémorable.

Méridien.

Mers de glace.

Météores.

Météorologie.

Monotone.

Montagnes.

Moraines.

Moraines anciennes, déposés du temps de l'extension des glaciers à une certaine époque, comprenant :

> Moraines frontales.
>
> Moraines latérales.
>
> Moraines éparpillées.
>
> Moraines profondes.

Moraines en activité sur les glaciers actuels. Moraine médiane. Moraines latérales. Moraines éparpillées. Moraines accumulées. Moraines étagées. Moraines d'Abschwung. Moraines élevées. Moraines entraînées. Moraines profondes, enterrées.

Moraines anciennes, rémaniées par les eaux.

D. A. Moraines en général en activité sur la surface des glaciers.

Les glaciéristes comprennent sous la dénomination de **moraines en activité** tous les matériaux qui tombent sur la surface des glaciers des parois de roches qui les encaissent.

Outre les moraines proprement dites, il y a sur la surface des glaciers en activité actuelle (et il en était de même des glaciers anciens) des **blocs isolés** de fortes dimension, très-volumineux. Protégeant la surface de la glace, qui les porte, contre l'action des rayons solaires ardents, ils se trouvent élevés sur un piédestal, surface de glace d'une certaine hauteur, d'où ils tombent et glissent à une certaine distance, soit en aval soit de côté suivant l'inclinaison de la surface du glacier. Par suite d'un grand nombre d'années, ces blocs occupent un emplacement anomal ; c'est pour cette raison que M. Agassiz les désigne sous le nom de **blocs sporadiques** (on ne sait pas d'où ils viennent).

Sous le nom de **cônes graveleux** sont signalés les amas de sables sous forme de cônes (de pyramides), larges à leur base et se terminant en pointe, comme une pyramide, et qui atteignent plusieurs mètres de hauteurs. Le sable protége leur surface d'ablation, et lorsqu'il s'en détache, le cône disparaît.

Ces spécimens sont nombreux sur le glacier inférieur de l'Aar.

Je signalerai un autre genre de forme de moraines que je nommerai :

Cônes monstres de roches. — Au glacier inférieur de l'Aar, en aval de la ligne transversale du Pavillon (rive gauche) au Grünberg (rive droite), nous voyons un cône pierreux, en pyramide très-grande, s'élever à une grande hauteur à une certaine distance de la rive droite.

On disait, c'est une avalanche monstre de pierres et de roches tombée sur le glacier, elle a protégé la surface, et s'est élevée à cette hauteur. Certes l'explication était satisfaisante.

Il y a quelques années, pendant un séjour au pavillon de l'Ar, j'ai vu en amont de la ligne transversale, assez rapproché de la rive droite, un véritable lac rempli d'eau, ayant une surface totale approximativement d'un hectare, et de 10 mètres de profondeur.

J'ai observé la température de l'eau, qui était à 0° dans la profondeur. Plus tard, revenant au même emplacement, grand fut mon étonnement et celui des guides, de voir ce lac complétement à sec et rempli en grande partie de roches nombreuses. L'explication du grand cône était donnée : ce n'est pas une avalanche de matériaux qui l'a formé, ce sont des matériaux isolés, qui pendant le parcours y sont tombés, et par suite d'ablation ces matériaux ont formé le cône. Les guides étaient du même avis...

Qu'il me soit permis de citer une autre observation infiniment plus importante.

N. B. Au-dessus de 2600 mètres d'altitudes dans les Alpes :

Les glaciers sont adhérents, solidement gelés au sol qui les supporte dans toutes les saisons. (Petit glacier au Faulhorn par exemple.) — Adhérents, gelés au sol, ils n'ont aucune action sur les roches qui les supportent. L'eau qui en sort est claire et limpide, ils ne produisent pas de boue de glacier. Ne moutonnent, ne polissent, ne strient pas les roches ; c'est pour cette raison qu'on ne trouve pas ces actions à cette altitude.

Conclusions positives :

1° Les roches moutonnées, polies, striées ne sont pas la limite supérieure de l'ancienne extension des glaciers monstres ;

2° La présence à de grandes distances de matériaux erratiques n'est pas la limite des glaciers anciens ;

3° Aux époques des glaciers monstres, toutes les chaînes de montagnes étant ensevelies sous des glaciers, aucune roche à découvert, il ne pouvait en tomber sur leur surface. Ils ne portaient de matériaux sur le dos que par suite de leur diminution ;

4° Aux altitudes dans les Alpes à 2600 mètres et au-dessus, le sol couvert de neiges est gelé au-dessous de 0° dans toutes les saisons, et l'embryon glaciaire peut s'y former et prospérer ;

5° Blocs erratiques transportés à grandes distances par des courants d'eau monstre. (?) A rayer du dictionnaire glaciaire.

L'embryon glaciaire peut se former à toutes les altitudes dans de certaines circonstances météorologiques. — Citons ces circonstances :

Par suite de pluies fréquentes en hiver, le sol est imbibé d'eau. Un froid intense survient. Ce sol se gèlera jusqu'à une certaine profondeur. Puis survient spontanément une chute de neige à gros flocons, qui couvre le sol gelé de 0^m,5 de hauteur. Cette chute est suivie de froid intense la nuit, les rayons solaires du jour la ramollissent, elle devient aqueuse, et par un nouveau froid intense, elle se gèle fortement, et par suite de nouvelle chute de neige, elle est protégée contre l'ablation, et l'embryon peut prospérer pendant quelque temps. J'ai observé ce fait plusieurs hivers.

Moyennes de jour, de nuit, durée ; par décade, par mois, par saisons, par années.

7

N

Nappes de comblement.

Nappes d'eau.

Nappes profondes.

Nature.

Naturellement.

Neiges.

Neiges. Leur hauteur sur sol et glaciers à diverses altitudes.

Neiges fraîches. Altitudes.

Neiges anciennes. Altitudes.

Neiges compactes.

Neiges cristallines. En étoiles de formes très-variées.

Neiges floconneuses.

Neiges à gros et larges flocons.

Neiges tassées. Très-compactes.

Neiges temporaires.

Neiges persistantes.

Neiges éternelles (?). — Rayées de la nomenclature. (Elles sont plus ou moins persistantes.)

Neiges tassées.

Neiges sèches.

Neiges humides.

Neiges aqueuses.

Neiges fondantes.

Neiges accumulées par le vent.

Neiges enlevées par le vent.

Neiges grenues.

Neiges aqueuses gelées.

Neiges fraîches ou anciennes. Leur hauteur en eau.

Neiges gelées.

Neiges à surface unie.

Neiges à surface raboteuse.

Neiges à surface sale.

Nivellement.

Nord.

Nouveau.

Nuit. Du soleil couchant au soleil levant.

O

Ombre permanent.

Ombre variable.

Ordinaire.

Orient.

Orientation. N. E. S. O. etc.

Oscillations, diverses.

Ouest.

Ozone. (Météorologie.)

P

Pente en degrés.

'**Perche longue** pour sonder la profondeur de la neige.

Perché. Blocs perchés.

Perches nombreuses pour observer l'ablation et la marche des glaces.

Perches alignées sur le glacier à diverses altitudes pour observer la marche.

Perçoir à glace.

Pétrifié. Pétrification.

Pics de montagnes.

Pierres.

Points culminants.

Points fixes numérotés pour observer la marche des glaciers et pour triangulation.

Q

Quarz. Quarzite.

R

Ramification des glaciers.

Ramolli.

Rapides.

Rayons solaires. Leur action sur sol, neiges, glaces et végétaux à diverses altitudes.

Recherches.

Régions des Alpes.

1º Région de la plaine	520	mètres.
2º Région montagneuses (*montana*)	1135	»
3º Région subalpine	1623	»
4º Région alpine	2110	»
5º Région des neiges (*nevada*)	2600	»
6º Région des glaces au-dessus de	2600	»

D. A. Ces régions ont été déterminées par BRUNNER, de Meiringen. Sous le rapport des dénominations et altitudes, elles sont très-correctes et pratiques. La région des neiges dans les Alpes commence positivement à 2600 mètres. C'est l'altitude où le sol couvert d'une couche de neige est gelé dans toutes les saisons, et où l'embryon glaciaire peut se former. C'est aussi l'altitude où les glaciers sont adhérents, gelés au sol à leur base...

Remanié par les eaux ou glaciers.

Remblais de matériaux divers.

Réseau. En éventail.

Rimayes. Crevasses larges et profondes dans les neiges tassées qui couvrent les glaciers aux altitudes où commencent les pentes abruptes.

Rives droites de vallées, de torrents, de glaciers etc.

Rives gauches.

Rivières.

Roches diverses. (Géologie, minéralogie.)

Roches en place, anguleuses.

Roches en place, moutonnées, arrondies, polies, striées, burinées, rayées par les glaciers.

Roches stratifiées.

Roches disloquées.

Roches compactes.

Roches délitées.

Roches éruptives.

Roches qui encadrent les glaciers.

Roches sur le dos des glaciers en activité; isolées ou dans les moraines.

Roches erratiques transportées à distance sur le dos des anciers glaciers; anguleuses ou polies et striées.

Ruisseaux. Ruisselets sur sol et sur glaciers.

S

Sables éparpillés, en couches stratifiées; transportés par les eaux, par les glaciers.

Sablonneux.

Sections de troncs d'arbres et arbustes qui croissent à diverses altitudes. — Observer leur âge par les couches annuelles.

Séparation.

Séracs. Cubes de neiges anciennes, tassées et compactes.

Serein. (Météorologie.)

Sol découvert; couvert de neiges fraîches, de neiges anciennes, de glaciers à diverses orientations et altitudes.

Soleil. Lever et coucher local. (Météorologie.) — Observation très-importante.

Soleil. Rayons solaires; nombre d'heures qu'ils luisent dans la journée. — Observation très-importante.

Solide.

Son. Intensité à distance à diverses altitudes, et parcours par secondes.

Sources d'eau à diverses altitudes; temporaires, permanentes, périodiques, intermittentes. Leur altitude et leur débit d'eau en un temps donné.

Sporadique. Étranger à la localité.

Station d'observations en hautes régions.

Surfaces d'eau, de neiges, de glace etc.

T

Tables de glaciers. Roches qui s'élèvent sur un piédestal de glace à la surface des glaciers. Ils protégent la surface de glace qu'ils couvrent contre l'ablation.

Températures. (Météorologie.)

Température à la surface et à diverses profondeurs successives du sol, neiges, glaciers, à diverses altitudes, à l'ombre permanente, en plein air. — La différence de ces deux expositions est très-grande.

Températures extrêmes, maxima, minima, observées aux thermomètres à curseurs (*index*).

Températures de l'air ambiant, à l'ombre, en plein air, aux rayons solaires, à diverses altitudes.

Temporaire. Durée limitée.

Temps. Beau, mauvais, variable, constant.

Tension de la vapeur d'eau de l'air ambiant. (Hygrométrie.)

Terrains, divers. (Géologie.)

Thermomètres en général. La boule doit être isolée, et les degrés gravés sur tige. Tout thermomètre encadré doit être abandonné.

La graduation doit être mathématiquement, rigoureusement exacte. Ceux à alcool gradués suivant un thermomètre étalon à mercure. Le zéro sera vérifié souvent dans la glace fondante, et dans l'obscurité. Tous les thermomètres doivent avoir, à l'extrémité supérieure du tube, un réservoir d'air assez vaste pour y faire monter par la chaleur le mercure ou l'alcool du tube. Cette disposition permet de réunir le liquide qui s'était séparé par suite de déplacement de l'instrument. Quand on tourne le thermomètre en fronde, cette réunion ne se fait pas toujours.

Recommandation importante. En vérifiant le zéro du thermomètre à mercure ou à alcool, dans la glace pilée fondante, il faut enfoncer dans la glace le tube jusqu'au degré zéro de la tige, et serrer la glace entre le tube, et dans un local faiblement éclairé ; dans un local fortement éclairé ou en plein air, la clarté a une action sur la boule à travers la glace. Exposition en plein air, par rayons solaires, ils traverseront la glace, agiront sur la boule, et on sera étonné de voir la température monter à + 1° dans le tube. A la simple clarté du jour, dans un local à l'ombre ou à l'ombre en plein air, le zéro sera à des dixièmes de degré trop haut. Chacun est à même de vérifier le fait que j'avance.

Thermomètre horizontal maxima à index.

Thermomètre horizontal minima à index.

Thermomètre vertical maxima à index.

Thermomètre vertical minima à index.

Thermomètre hypsomètre, pour déterminer les altitudes par le degré de la vapeur d'eau.

Thermomètre à déversement.

Thermomètre sensible au 100ᵉ de degré.

Thermomètre frondeur, pour être tourné en fronde.

Thermomètre à alcool coloré (alcool noir, bleu, jaune, rouge et couleur binaire), pour observer l'action des rayons solaires sur les couleurs à diverses altitudes.

Thermomètre entouré de matières non conductrices du calorique, pour température de l'eau, de neiges, glaces, et terrains à de grandes profondeurs.

Thermomètre étalon. Graduation mathématiquement juste.

Thermomètre à mercure.

Thermomètre à alcool incolore.

Thermomètre métallique. Il est très-pratique et indique les maxima et les minima.

Thermomètre des appareils enregistrateurs.

Thermomètre dont on fait la lecture par l'électricité.

Thermomètres divisés en 10es et 5es de degré.

Thermomètres enterrés dans sol, neiges ou glaces, dont les boules se trouvent à diverses profondeurs, et la graduation en regard au-dessus de la surface.

Thermomètres. Divisions contigrades. Parfaitement gradués. Zéro vérifié.

Thermométrographe maxima et minima à curseurs (index) métalliques, se mettant en place par aimant.

Théodolithe, pour triangulations, nivellement etc.

Tombeaux des cirques neigeux. Cavités couvertes de neiges fraîches à leur surface.

Tonnerre à diverses altitudes. (Météorologie.)

Torrents glaciaires sortant des voûtes des glaciers. Quantités de boue de glacier qu'ils charrient par litre d'eau.

Torsion des couches, des croûtes de roches, de neiges et de glaciers.

Trous méridiens. Cavités dans les glaciers, formes et orientation particulières, et remplis d'eau.

Tourmentes de vents, de neiges.

Trous d'orgues à la surface des glaciers, par suite de parcelles de roches échauffées par des rayons solaires, et qui s'enfoncent dans la glace.

U

Udomètre. (Météorologie.) Vase pour mesurer la hauteur de pluies, de neiges, de grésil, grêle etc.

Uni.

Uniformément. D'une manière régulière et constante.

Unités.

Usages.

Usuel. Universel

Utilités, diverses.

V

Vaguement.

Variable.

Végétation à diverses altitudes.

Veines diverses.

Venimeux.

Venté. Neiges ventées, accumulées ou enlevées par le vent.

Vents.

Vents. Direction de force.

Vents. Vitesse. Nombre de mètres parcourus par minute.

Vents. Diverses dénominations : *Bise, Sirocco, Fœhn, Mistral, de pluie, de beau temps, du midi, du nord, glacial.*

Vents changeant de direction et de forme à chaque instant : *Goughœ.*

Vents chauds.

Vents froids.

Vents tempérés.

Vents variables de direction et de force.

Vents faibles.

Vent insensible, calme.

Vents de force moyenne.

Vents forts.

Vents violents. Tempêtes. Tourmente.

Vents ferocississimo.

Verglas.

Voies de communication.

Voilé.

Voir. Vue.

Vol d'oiseau.

Volcans.

Volcanique.

Volumes.

Voyages.

Vues.

Z

Zébré.

Zénith.

Zones.

TABLE DES MATIÈRES.

VOLUME SUPPLÉMENTAIRE.

STRASBOURG, TYPOGRAPHIE DE G. SILBERMANN.